畜禽保健常用中药与方剂

轩玉峰　郑文革　李敬栓　王志刚　主编

河南科学技术出版社

·郑州·

图书在版编目（CIP）数据

畜禽保健常用中药与方剂/轩玉峰等主编．—郑州：河南科学技术出版社，2016.12
ISBN 978-7-5349-8319-1

Ⅰ.①畜…　Ⅱ.①轩…　Ⅲ.①畜禽-动物疾病-中药疗法
Ⅳ.①S854.5

中国版本图书馆 CIP 数据核字（2016）第 291376 号

出版发行：河南科学技术出版社
地址：郑州市经五路 66 号　　邮编：450002
电话：（0371）65737028　65788613
网址：www.hnstp.cn
策划编辑：李义坤
责任编辑：张　鹏
责任校对：崔春娟
封面设计：张　伟
版式设计：栾亚平
责任印制：张艳芳
印　　刷：河南文华印务有限公司
经　　销：全国新华书店
幅面尺寸：140 mm×202 mm　印张：7.375　字数：185 千字
版　　次：2016 年 12 月第 1 版　2016 年 12 月第 1 次印刷
定　　价：15.00 元

主编简历

轩玉峰，河南太康县人，河南农业大学牧医工程学院教授。1959 年参加工作，1967 年毕业于河南农学院（现河南农业大学）畜牧兽医系。先后在扶沟种马场、汝南县、驻马店地区从事兽医临床。

1968 年，到汝南县留盆乡兽医站工作，当地名中兽医李树梓先生的一些方剂，如治牛血便方、马骡盗汗方，临床疗效远优于西药。在此启迪下，轩玉峰开始较系统钻研中兽医。

1973 年被驻马店地区兽医院派到兰州中兽医研究所进修，师从蒋茨昇教授、瞿自明研究员，系统学习中医的理、法、方、药，并对中医的精髓——整体观念和辨证论治有了更深的理解。

1975 年赴湖南郴州为广州军区兽医培训学校讲授“伤寒论”和“温病学”在兽医临床上的应用。以后又在驻马店地区办多期中西兽医结合培训班，培养一大批中西兽医结合型人才。

1979 年调入河南农学院教书，主讲中兽医学和家畜产科学。作为主编编写有《中西医结合防治常见鸡病》《母猪生产保健技术》《蛋鸡生产保健技术》《奶牛生产保技术》《家畜围产期医学》（内部选修教材）。主持过奶牛隐性乳房炎防治和家畜口服补液盐课题研究，并获省科技进步奖。兼职中南区中西兽医结合学术研究会和河南省中西兽医结合学术研究会理事多年。

2001 年退休，被河南亿万中元生物技术科技有限公司聘为技术部顾问，为公司终端客户——畜禽养殖场、养殖合作社和专业养殖大户诊治禽、猪、牛病，进行养殖技术指导、技术讲座，奔走于猪、牛、禽舍，足迹遍布河南和周边省份的广大村镇。直至今日，已 76 岁高龄，仍边下鸡舍、牛圈、猪场诊治疫病，边编书总结几十年临床经验，为祖国的畜牧兽医事业奋斗不息。

本书编委会名单

主　　编	轩玉峰	郑文革	李敬栓	王志刚
副 主 编	王　伟	杨明香	魏　记	贾太青
编写人员	轩玉峰	张建峰	郑文革	崔纪江
	李敬栓	魏　记	杨明香	王　伟
	王志刚	贾太青	石传昌	

前　言

中药与方剂被认为是畜禽保健的法宝。然而，药有个性之特长，方有合群之妙用，临床上要运用好这一法宝，就必须做到精准遣药和严密配伍，这既需要对中药的性味归经、升降浮沉、用法用量等系统掌握，对药物的相须、相使、相畏、相杀、相反、相恶全面了解；又需要依药物个性，对药物进行严格选用和科学配伍。

好的配方，既包含辨证论治基本理论法则、严密的遣药思维，又涵盖前人的临床精华。因此，编者认为，有关中药与方剂方面的理论和经验，很值得进一步继承和发扬。

从汉唐到明清，中兽医先辈们在中药性能和方剂方面积累了丰富的经验。中华人民共和国成立后，不仅对前人的经验进行了收集、整理和发展，而且逐渐丰富发展了中药和方剂，并进行了成功的借鉴和移植。特别是改革开放以来，畜禽养殖集约化、现代化，畜禽饲料的中药预混剂，包括疾病预防剂、免疫增强剂、促生长剂、增蛋剂、防暑剂等，被规模化畜禽养殖企业广泛使用，中药与方剂的应用范围大为拓展。

本书内容分为两部分：一是常用中药，共编入近200味，重点介绍的是清热药、补养药、解表药、止咳化痰平喘药、理气活血药、泻下消食药，如金银花、柴胡、黄芩、人参、陈皮、生石膏、大黄、生地黄等叙述详细，篇幅也长，其他章节如平肝药、安神药等，畜禽临床应用率低，选入药味少，且也比较简单扼要；二是常用方剂，共选入方剂 50 多种，清热方最为主要，如清瘟败毒散、银翘散等，因以猪、羊、鸡、鸭为主，温热病（主要是传染病）最为多发，多数养殖场月月都用中药疾病预防剂。其次是防治呼吸和消化系统疾病的方剂，如麻杏石甘汤、保和丸与大承气汤等。特别是麻杏石甘汤，经加味后最常用于家畜和家禽呼吸道病防治。

本书编者多年从事临床和中兽医教学，药物个性和方剂适应证多经作者临床验证。本书内容丰富，论述简明扼要，可供教学、科研及从事畜牧、兽医临床工作人员参考。

书虽已成，但因水平有限，可能仍有谬误之处，恳切希望广大读者予以指正，以臻完善。

编者

2016 年 3 月

目　录

第一章 中药总论

一、中药采集、加工及贮藏

（一）采集

中药种类繁多，包括植物的根、茎、叶、花、树皮、根皮，动物的尸体、皮肤、器官、骨骼、代谢产物，真菌菌核及矿物化石类等。其中有不少外形相似，很容易采错，因此，在采集过程中必须深入调查研究，仔细分辨。首先，要掌握中药材的生长特性，如植物药生长所要求的气候条件和海拔高度，以及喜阴或喜阳、陆生或水生等，如利水药泽泻喜在沼泽地生长；其次，要掌握采集季节，如根、根茎类，一般深秋、早春采集，季节不同，有效成分含量差别很大，适时是药，过时是草；另外，还须注意采集方法，如厚朴、杜仲类，采时不要把皮剥一圈，以免造成此树死亡。

（二）加工

中药采收后，为避免发霉、变质、虫蛀以及有效成分的分解破坏，保证质量，利于贮藏，必须进行加工。加工方法有：①晒干：皮、根、茎之类药材常采用此法。②阴干：有效成分为挥发油药材，如叶、花及有香味类药材，暴晒挥发油损失很大，宜阴干。③烘干：阴雨天，易发霉变质类药材，需用烘干方法。

（三）贮藏

贮藏不当药材易出现发霉变质、变色、变味或虫蛀，严重影响药效，必须妥善贮藏。首先必须保持干燥，以杜绝霉变；其次要低温保存，以防孢子和虫卵生长繁殖；然后要注意避光密封保存，因有些药物易氧化变质。

二、中药性能

中药性能是中药基本性质和特征的高度概括，内容包括四气、五味、升降浮沉和归经等。

（一）四气

四气是指药物的寒、热、温、凉四种特性。“入腹则知其性”，四气是药物在机体内产生的寒热温凉四种药效反应，是药物的偏性作用对寒热或阴阳盛衰的一种影响。四气又称“四性”。

四气是指导临床用药的重要依据，在中药药性理论中占有很重要地位。明代医药学家李中梓云“寒热温凉，一匕之谬，覆水难收”，把四气重要性提到了很高的高度。

在临床应用中，常感到四性不够用，为更能详细区分药物性能，又引入了大热、大温、微温、大寒、微寒等概念。寒凉属阴，具有清热、泻火、凉血、解毒作用。温热属阳，具有温中、散寒、补益、助阳、通络作用。

常用中药有近 1/3 种药性寒热不明显，属于平性，平性药物药性多和缓，寒热证型都可配用。

其实温与热、凉与寒属同一种性质，只是程度不同，以寒热温凉分类药性是有缺陷的，正确分类法应是寒性、热性两分，热性再分为大热、大温、微温；寒性再分为大寒、寒、微寒。

药物四气理论，形成年代很久，其认识难免有局限性。有人认为“寒、温、平”三气理论更为科学。但从古至今，所有中药专著，都以四气论述药性。

（二）五味

五味是中药学用于概括药物功能特点，解释药物药效原理，指导临床正确用药的重要药性理论之一。五味有两方面含义，一是药物的真实滋味，“入口知其味”，即指酸、苦、甘、辛、咸五种滋味，如黄连的苦味、生姜的辛味等；二是依据药物在补泻敛散等方面作用的性质和特征人为标示的，不是药物真实滋味，如麻黄能宣肺，因“辛”能宣散，所以，麻黄就标示有辛味。实际上，药物还有淡和涩味，因中药理论受五行学说影响，把淡归于相近的甘味，涩归于相近的酸味，像五色、五音一样归纳为五味，以与五行学说相配。

药物的真实滋味，绝大多数能反映其功效，如黄连味苦，苦能燥、泄，与临床上黄连能燥湿，能清泄相符。

但也有少数药物，其真实滋味，与药效无关，如山楂味酸，而山楂的药效是健胃消食，活血化瘀，无酸味的收涩作用。

药物的功效特征，是由药物的化学成分决定的，药味同样也决定于化学组成，两者高度相关。五味理论形成于远古，不要说古代，就是今天，用药物化学方法来标示药性也是很难的。所以，以味来标示药物的特征性，对具某味类药物的药效特征，进行抽象概括，在当时还是非常科学的。

五味理论的主要内容是：辛香或辛辣类药物，能散、能行，多用于发汗、行气、行血及散结。甘味类药物，能缓、能补、能和，多用于缓急止痛、补中和中，扶虚祛弱。苦味类药物，能泄、能燥、能坚，有降泄、通泄、清泄、燥湿、坚阴之功。酸涩类药物，能收敛、固涩，主用于固精、止汗、收涩、止泻。味咸类药物，能软坚、泻下，主用于散结、坚阴、泻下。味淡类药物，能渗、能利，多用于渗湿、利尿。

中药有千种以上，常用的也有几百味，用五味理论来指导用药，明显有很大局限性，如驱虫药，什么味都有，用五味理论无法阐述。随着药物化学的进步，五味理论渐渐失去其重要性。但是，中药性能特征，自古以来都是以性味为中心阐述的，如“辛甘化阳”及“酸甘化阴”等术语，所以学习掌握五味理论，对于中药的学习、中药这一宝库的发掘和研究还是十分必要的。

（三）四气与五味的相互关系

药物性能与气和味的综合作用密切相关，因此，要掌握中药性能，必须知道气和味的综合作用。

酸温：收敛、固精、止汗。　　酸寒：生津、敛肺。

苦温：温中、下气、燥湿。　　苦寒：清热、泻火、解毒、泻下。

甘温：补气、补血、助阳。　　甘寒：养阴、生津。

辛温：散寒、温中、行气、行血。　　辛凉：发散风热。

咸温：补肾阳。　　咸寒：软坚、泻下。

（四）升降浮沉

升降浮沉是概括药物对机体作用的趋向，升是走上、升提，降是走下、镇逆，浮表示浮上、走表、发散，沉表示走里、收敛、固藏。

药物的升降浮沉是由药物的功效决定的，具升阳举陷、解表透疹、祛风散寒、涌吐开窍、行气解郁、温阳补火之类药物，是升浮的。具降气平喘、清热泻下、渗湿利水、重镇安神、潜阳息风、消积导滞、镇逆止呕、收敛固涩之类药物是沉降的。

有些药物，无明显作用趋向，升降浮沉不明显，如消食药类；有些药物是双向的，如桑叶、菊花能疏散风热，是升浮的，而又能平降肝阳，清肝明目，又成沉降的了。

李时珍说：“升降在物亦在人。”其中，“在物”是升降浮沉由药物药效决定，“在人”是能人为去改变，影响和改变药物升降浮沉的方法是炮制和配伍。例如，荆芥生用功效是解表升浮，炒炭用功效是止血沉降；麻黄在解表方麻黄汤中功效是升浮，在降肺平喘方麻杏石甘汤方中功效是沉降。

过去中药专著中，所论述的“四性、五味”“药用部位”与升降浮沉关系，都不太具规律性。如温热升浮，寒凉沉降，但发散风热药，都是寒性，但又都升浮；再如“诸花皆升”“旋覆独降”“诸籽皆降，蔓荆独升”，其实，菊花、夏枯花、密蒙花平降肝阳不升，牛蒡子发散风热不降，茺蔚子活血化瘀也不降。

在临床上，利用药物升降浮沉性能，可用于调理机体气机，使其恢复正常，如降逆止呕、降气平喘、升阳举陷；还可顺势利导，祛邪外出，如发汗解表、呕吐解食物中毒等。

（五）归经

归经是指中药所具有的对脏腑、经络的特殊选择性作用，即药物作用的部位。归经部位是以脏腑和经络理论为基础，以药物所治病证的临床实践为依据而确定的。归经的基本单位主要是脏腑，就是药物对某脏腑或某几个脏腑有治疗作用，就归某或某某脏腑，如黄芩清肺热就归肺经，黄连清心就归心、胃经。少数药物有归经络的，如羌活治项背痛，归太阳膀胱经；白芷治前额痛，归阳明胃经。

归经理论为临床用药提供了重要依据，能增强临床用药的准确性。如黄连、黄芩都能清热泻火，黄芩因归肺经，清泻肺热；黄连因归心、胃经，清泻心热和胃热。

三、中药炮制

炮制是在中医理论指导下，依据临床制剂和调剂的需求，对药材进行加工处理的制药技术。多数药物都具偏性，尤其是气厚力大药物，炮制目的是通过炮制，使药性、气味或升降沉浮产生变化，纠其偏性，使其更符合立方遣药需要。

（一）传统炮制原则

(1) 相反为制：用与药性相对立的辅料，来制约其偏性或改变其药性。如用辛热之吴茱萸炮制大苦大寒之黄连，以杀其大寒之性。

(2) 相资为制：用药性相似的辅料或某种炮制法来增强药效。如用咸寒盐水炮制黄柏、知母，增强其滋阴降火之力。

(3) 相恶为制：用某种辅料来减弱某种药物之偏性，使之趋于平和，以免损伤正气。如麸炒枳实，可缓其破气之力。

(4) 相畏（杀）为制：用能制约某种药物毒性或副作用辅料来炮制该药。如用生姜炮制半夏、天南星等。

（二）炮制方法

1. **修制**　制其形，包括纯净处理、粉碎处理和切片处理，即去杂、捣碎或切片。使煎煮时能达药力全出之目的。

2. **水制**　包括洗、淋、泡、润、漂和水飞。目的是清洁、软化药材，以便于切制和调节药性。例如，“漂”是把药物置水中一些时间，并不断换水，以除去腥味、盐味或毒性。

“水飞”是借药物在水中沉降性质，分取药材极细部分的方法。将粗粉之药材置乳钵或球磨机中加多量水研磨，极细部分浮于水面，取出晾干即成，主用于矿石、贝壳类药物制粉。

3. **火制**　为使用最广的炮制法，包括以下四种。

(1) 炒制：又分炒黄、炒焦、炒炭。文火炒至药材表面微黄为炒黄；武火炒至表面焦黄，内部色泽加深，并有焦香气者为炒焦；武火炒至表面焦黑，部分炭化，内部深黄，但仍存性者为炒炭。炒黄炒焦除使药物便于粉碎加工外，主要是缓和药性、提高药效或减小副作用。如麦芽炒后生成有特殊香味的类黑素，增强了健胃消食作用；白扁豆含有能凝集红细胞的毒蛋白，炒后毒蛋白变性，毒性大为减弱。炒炭主要是增强收敛止血功效。除清炒外，还有拌固体辅料土、麸、米炒，以减少药物刺激性，增强疗效，如土炒白术、麸炒枳壳、米炒斑蝥等。

（2）炙：药材与液体辅料混合拌炒，使辅料逐渐渗透入药材内部的炮制法，通常用的辅料有蜜、醋、酒、盐水、姜汁和童便。通过炙，制其性，以增强药效，减少副作用。如蜜炙麻黄，缓其散性；蜜炙兜铃，缓其苦寒之性；还有姜炙半夏、盐炙巴戟、酒炙香附等。

（3）煅与炮：煅是将药材直接或间接用猛火煅烧，使质地松脆，易于粉碎，更能使药效充分发挥。如煅牡蛎、煅炉甘石。炮是把细沙、蛤粉或黄土放锅内，把药材埋在里面，加热，待起泡再搅拌，如炮干姜、炮龟板、炮阿胶、炮山甲等。

（4）煨：把药材包裹于湿面粉、湿纸中，放入火灰中加热，或用草纸与饮片隔层分放加热的方法。主要为除去药材中某些有刺激作用的成分，如煨木香、煨豆蔻。

4. **水火制** 主要有煮、蒸、淬等。

（1）煮：用清水或液体辅料与药物共同加热的方法。

（2）蒸：用水蒸气或隔水加热药物的方法。不加辅料为清蒸；加辅料为辅料蒸。为制其味，宜久蒸或反复蒸，如蒸制熟地黄、何首乌；为软化药材，便于切制者，以变软透心为度，如蒸茯苓、厚朴。

（3）淬：是将药物烧红后，迅速投入冷水或液体辅料中，使其酥脆的方法。淬后不仅易于粉碎，且辅料被其吸收，可发挥预期药效，如淬自然铜等。

5. **其他制法** 如把种子类药材去其油、矿物质药材重结晶后的制品称“霜”，其相应炮制法称制霜，如巴豆霜。

（三）炮制原理

中药炮制是两千余年临床实践的经验总结，随着科学技术的进步，对中药炮制的认识也逐步深入，现从中药的有效成分在炮制中的变化，来阐述一下炮制机制。

中药化学成分十分复杂，其活性成分现已知的主要有生物碱、挥发油、苷类、有机酸、多糖和鞣质等。现以其活性成分在炮制中的变化，探讨其炮制机制。

1. **生物碱类** 药材中生物碱多数不溶或难溶于水，一些含生物碱药材常用醋制，使生成醋酸盐，增加在水中的溶解度，以增强疗效。如元胡索止痛成分为元胡索素，是生物碱类，难溶于水，醋制后转化为可溶性盐，总生物碱溶解度提高1倍，增强了疗效。乌头炮制是水煮，乌头有效成分为乌头碱，有剧毒。乌头水煮后，乌头碱水解为次乌头碱和乌头原碱，水解后药效不减，但毒性可降低至原来的0.1%。

2. **苷类** 含有苷类的药物同时都含有水解此苷的酶，此类药材中的苷，一般都会被自身所含之酶慢慢水解而失活，所以必须煮或蒸制，杀酶。如苦杏仁活性成分为苦杏仁苷，约含2%。此苷在体内可放出氢氰酸，对呼吸中枢起镇静作用而达镇咳平喘。而苦杏仁中又含有此苷水解酶，在存放过程中会被水解，使杏仁失去药效。又如，何首乌所含蒽醌苷，有致泻作用，“蒸煮”后蒽醌苷水解为蒽醌苷元和糖，不但消除了致泻副作用，分解产物糖又增添了滋补强壮作用。再如黄芩有效成分为黄芩苷，所以黄芩采收后必须蒸煮灭酶。

3. **挥发油类** 易挥散、变质，所以炮制时要抢洗、抢晒、抢贮，勿近火。挥发油虽是活性成分，有时也产生副作用，需除去或部分除去。如挥发油为苍术活性成分，但含量过大，能麻痹神经中枢，米泔水炮制可除去多余挥发油，去其对神经中枢之副作用，更为脾所喜。

4. **有机酸类和鞣质** 活性成分为有机酸药材，醋制后可使结合状态之有机酸游离出来，增强药效，如醋蒸乌梅。鞣质易与三价铁反应生成鞣酸铁而降低药效，所以，活性成分为鞣质的药材，炮制时要忌铁。古代就有“凡采得，刮皮用竹刀”之规定，指的就是含鞣质药材，刮皮时不可用铁刀，要用竹刀。

5. **糖类** 单糖与氨基酸，在少量水分存在条件下，能发生反应生成有特殊香味的类黑素，如麦芽炒后就生成一种类黑素，有香味的类黑素有健胃消食作用。

四、中药配伍

中药配伍是以药性特点和病情需要，有选择地将两味以上药物配合同用。关于中药之配伍，前人总结了以下 7 种情况，叫药性“七情”。

1. **相须** 有同类相须和异类相须。

（1）同类相须：主要性味、功效相似之药物配伍，无主次之分，以增强原有主要疗效，如荆芥与防风，可增强辛温解表，发散风寒之力。

（2）异类相须：主要药味功效不同，但在功效主治上药物的关系密切，配伍后不分主次，可协同增效，如人参配附子，能增强补气回阳之功。

2. **相使** 有同类相使和异类相使。

（1）同类相使：主要性能相似药物相配，一主一辅，以增强主药之功效，如麻黄与桂枝，以增强麻黄发汗解表之功。

（2）异类相使：主要药性不同，但功效主治相同或目的一致，不存在性能上相互制约，一主一辅，以增强主药疗效。如当归配黄芪，能增强当归补血之力。

3. **相畏** 一种药物的毒性或烈性，能被另一种药物制止或减弱。如半夏与生姜，半夏毒性能被生姜减弱，则半夏畏生姜。

4. **相杀** 一种药物能减轻或消除另一种药物毒性或副作用，如生姜能减轻生半夏毒性，则生姜杀半夏。

5. **相恶** 两种药物配伍能使药效丧失或降低。但相恶是相对的，如人参与莱菔子，仅从气虚而言，二者相恶，若气虚又兼气滞，二者配伍又相得益彰。

6. **相反** 两药配合产生毒性或副作用，如“十八反”。

7. **单行** 除用单味药治病之含义外，还包含在配伍药中，诸药各自独行，各自发挥药效，相互不存在增强、降低药效或副作用的关系。如越鞠丸中的苍术与川芎，苍术燥湿运脾，川芎活血祛瘀，二药配伍，一治湿邪，一治血瘀，各自发挥药效。

五、用药禁忌

（一）配伍禁忌

随着人们对药物认识的进展，到金元时期，前人把药物禁忌概括为“十八反”和“十九畏”。

1. **“十八反”** 甘草反甘遂、大戟、芫花、海藻；乌头反贝母、半夏、瓜蒌、白及、白蔹；藜芦反人参、沙参、丹参、玄参、芍药、细辛。

2. **“十九畏”** 硫黄畏朴硝，水银畏密陀僧，巴豆畏牵牛，丁香畏郁金，川乌、草乌畏角犀，人参畏五灵脂，牙硝畏三棱，官桂畏石脂。

“十八反”和“十九畏”诸药，有一部分与实际应用有出入，临床证明某些药物可以合用，如半夏配乌头未见毒性增强；党参配藜芦能兴奋瘤胃蠕动，可疗牛前胃弛缓。然而，现代这方面研究报道不多，若无充分依据，还是应慎重对待，不可盲目配合使用。

（二）妊娠用药禁忌

具有损害胎元以致堕胎副作用的药物包括两类：一类因药性猛烈，毒性很强而禁用，如巴豆、三棱、莪术、大戟等；一类是具有通经祛瘀、行气破滞药效或药性辛烈之类药物要慎用，如红花、桃仁、大黄等。笔者于1970年在汝南工作时，一怀孕后期伊犁马，患眼前房积血，某医生所开治疗方用了三钱红花（10g），结果发生流产。所以，要慎用损害胎元的药物，以防发生事故。

六、药物用量

中药计量单位，长期以来沿用的是16进位制，即1斤=16两=160钱。现已改为公制，即1公斤=1 000克。两者一般按以下近似值进行换算：1两（16两为1市斤）≈30克，1钱≈3克，1分≈0.3克，1厘≈0.03克。用药量，称为剂量，均是指成年畜禽每一味干燥生药一日量。

（一）确定剂量原则

①确定剂量原则：要用常用的有效剂量。一般非毒性药物单用时可较大些，复方中可略小。②处方中药物相对用量：如麻杏石甘汤，疗肺热咳嗽时，生石膏、麻黄用量，一般要≥5∶1；补血汤中黄芪、当归用量为5∶1。③有毒药物实际有效量：如苦楝皮，驱虫量小无效，量大中毒。南瓜子驱绦虫，一般量无效。

（二）确定剂量依据

①确定剂量依据：药材自身质量差用量大，质重用量大，味淡用量大。②处方目的：君药用量大，如四物汤，补血为主时熟地黄为君，用量大；和血为主时当归为君，用量大；柴胡，解表用量大，升阳用量小；槟榔，驱虫用量大，消胀用量小。③季节：清热药夏季用量大，温热药冬季用量大。④单位体重计：家禽用量大，家畜用量小。

第二章　常用中药

一、解表药

凡能发散表邪，治疗表证之药物称解表药。能引起表证的六淫外邪称表邪，其中以风邪为多。解表药味辛、质轻、升浮，能发汗散邪，祛除风邪。所以，解表药除疗表证外，还能疗风邪上扰所致之头痛、咽痛、目赤肿痛、鼻塞不通；风邪郁闭肌表所致之皮肤瘙痒等。

解表药能使表之邪汗而解之，是启门驱邪，需宜早务尽。但津、血、汗同源，故不可过汗，中病即止；微似汗出，即已中病。多汗、大失血或体质虚弱时要慎用，必须用时要配补药扶正祛邪。本类药物有效成分易挥发，不宜久煎。解表药可分辛温、辛凉解表药两类。

（一）发散风寒药

发散风寒药多味辛性温，以发散风寒为其主要功用。主用于发热恶寒，拱腰窄毛，无汗，口淡、苔薄白的表实证及发热恶风，见风则抖，口淡、苔薄白，有汗的表虚证。

麻黄

麻黄为买麻藤科多年生草本状小灌木草麻黄或木贼麻黄的干燥茎枝。草质茎中纤维似麻色黄故名麻黄，去节称净麻黄。

［性味归经］　辛、微苦，温。归肺、膀胱经。生用或蜜炙

用。

[功效] 发汗解表，宣肺平喘，利水。

[应用]

(1) 发汗解表：麻黄味辛宣散，开泄腠理，透达毛窍，发汗解表。与桂枝相须而用，发汗力更强，主用于外感风寒表实证，被誉为疗伤寒第一要药，如麻黄汤。

(2) 止咳平喘：风寒客表，卫阳被郁，肺气失宣，发为咳喘，麻黄味辛宣肺，微苦降肺，入肺经而平喘止咳，外感风寒表实无汗，兼有咳喘，用之最宜。肺经热盛，肺气壅阻，引起的肺热咳喘，麻黄与清肺药物如生石膏、桑白皮配伍，同样有很好疗效，如麻杏石甘汤，所以称麻黄为肺经专药。麻黄无祛痰功效，痰多时要注意配伍祛痰药。

(3) 利水消肿：麻黄宣散肺气，开泄腠理，助肺行水，以消水肿。常用于受风水肿（急性肾小球性肾炎），因麻黄利水力弱，其他水肿很少选用。

[主要成分] L-麻黄碱。

[药理作用] 解除支气管痉挛，扩张支气管；使心收缩力增强，心搏血量增加；利尿。

[用量] 牛、马：15~30g；猪、羊：3~10g；禽、兔：1.5~3g。

【附】 麻黄茎枝发汗，麻黄根止汗，其因是茎枝主含麻黄碱，麻黄碱能扩张皮肤血管，发汗解表。其根主含伪麻黄碱，伪麻黄碱反能抑制汗腺分泌，故止汗。

桂枝

桂枝为樟科乔木肉桂的干燥嫩枝，晒干生用或蜜炙用。

[性味归经] 辛、甘，温。归肺、膀胱经。

[功效] 发汗解表，温经止痛，助阳化气。

[应用]

(1) 发汗解表：本品味辛体轻，具升散之性，能透达营卫，畅旺营血，发汗解表，疗风寒感冒，不论有汗、无汗都可应用。如配麻黄，疗无汗表实证；配芍药，调和营卫，疗有汗表虚证，如桂枝汤。

(2) 温通经脉，通阳散结：本品辛散温通，色赤入营，通阳气，化寒凝，振奋血行。常与活血化瘀药配伍疗气滞血瘀；与祛风胜湿药配伍疗风湿痹痛。

(3) 温助阳气：本品畅旺血行，温助阳气，如能温通胸中阳气，疗心阳不振引起的心悸、脉见结代；温通脾阳，疗脾胃虚寒引起的肚腹疼痛，如小建中汤（桂枝、白芍、饴糖、姜、枣）；温肾阳疗肾阳亏损，命门火衰，引起的生殖功能低下，如肾气丸。

[主要成分] 挥发油（桂皮醛、桂皮油）、鞣质等。

[药理作用] 桂皮醛扩张皮肤血管刺激汗腺分泌，发汗解热；桂皮油促进胃液分泌，健胃助消化；其乙醇浸出液对金黄色葡萄球菌、沙门杆菌等有抑制作用。

[用量] 牛、马：15～45g；猪、羊：3～10g；禽、兔：0.6～1.5g。

【附】 桂枝功效常随配伍变化而变化，如合解表药则解表发汗实表之力强；合利湿药则化气利水之功盛；合温里药则温脾肾阳；参入血药则活血祛瘀、通脉止痛之力大；和入脾胃药则振奋脾胃之阳气；加入祛风湿药则通络止痹；与清热药相伍则制性存味通络之用；与化痰平喘药同用则温化降逆之功显等。只要配伍得当，临床上便能左右逢源。

防风

防风为伞形科多年生草本植物防风之根。本品功专预防风证，故名防风。晒干用。

[性味归经]　辛、甘，微温。归肝、脾、膀胱经。

[功效]　祛风解表，胜湿、解痉。

[应用]

(1) 发散表寒：本品辛而微温，其性升浮，能疏风散寒，常与荆芥、羌活等同用疗风寒感冒，因具甘缓不燥之性，有时也可用于风热感冒。

(2) 胜湿止痛：防风善行全身，祛风胜湿，通治一切风证。配羌活、独活、威灵仙等疗风湿痹痛；配白芷、川芎祛风通窍疗偏正头痛；配荆芥、薄荷、蝉衣祛风透疹，疗痘疹初起未透；配地肤子、苍术祛风利湿疗皮肤湿疹瘙痒；配天麻、钩丁、南星等平肝息风；配全蝎、蜈蚣等疗破伤风。有风证“圣剂”之称。防风又归脾经，能升发脾胃之阳而又能疗脾湿作泻。

[有效成分]　挥发油、色原酮、香豆素类、有机酸类、多糖等。

[药理作用]　对金黄色葡萄球菌、链球菌、肺炎双球菌和流感病毒有抑制作用，有解热镇静作用、增强免疫力作用、抗凝血作用等。

[用量]　牛、马：15~45g；猪、羊：5~15g；禽、兔：1.5~3g。

荆芥

荆芥为唇形科一年生草本植物荆芥之全草或花穗，生用、炒黄或炒炭用。

[性味归经]　辛，平。归肺、肝经。

[功效]　发汗解表，止血。

[应用]

(1) 祛风解表：荆芥味辛气平，不温不燥，所以是最平和解表药。风寒、风热感冒均可选用，如疗风寒感冒的荆防败毒散和疗风热感冒的银翘散方中均有荆芥。

(2) 疏风热，清头目，利咽喉：风性轻扬，上扰清窍，引起头痛、目赤肿痛；风热内犯，郁积咽喉，引起咽喉肿痛。荆芥轻扬，可清头目、利咽喉，疗目赤肿痛、咽喉疼痛，特别是荆芥穗可直达颠顶，风邪上扰，清阳不升之头痛，目赤多泪，用芥穗最妙。

(3) 透疹、止痒：味辛能通畅血脉，透发疹点，祛风止痒。皮肤疹块透发不畅，疹色不活发黑，荆芥有透发之功，可配伍紫草、薄荷、牛蒡子等治疗鸡痘、猪痘。现代药理研究，解表药能使病毒达外周循环，减少其对中枢神经和内脏的损伤。

(4) 通利血脉：荆芥入血分肝经，畅旺血循，理血中之瘀，清血中伏热。炒炭止血，常用于便血、尿血之症。有“血之圣药”之称，且最善散血中之风，如产后风。因其能通利血脉，又常用于热毒疮肿，“营血不从，逆于腠理，乃生疮肿”，疮肿本身就有瘀血阻滞。

[主要成分] 挥发油、荆芥苷、橙皮苷、熊果酸、齐墩果酸等。

[药理作用] 发汗作用、解热、镇痛、抗炎、止血、抗氧化、增强免疫力、抗病原微生物（对流感病毒、金黄色葡萄球菌等有抑杀作用）。

[用量] 牛、马：15~45g；猪、羊5~15g；禽、兔：1.5~3.0g。

羌活

羌活为伞形科多年生草本植物羌活之干燥根。生用。

[性味归经] 辛、苦，温。归膀胱、肾经。

[功效] 散寒解表，祛风湿，止痛。

[应用]

(1) 祛风解表：羌活辛温，能祛风解表，常用于风寒感冒。外感风寒而兼湿，除证见发热恶寒，拱腰窄毛外，又见倦怠嗜卧，肢体沉重时用之最宜。表证重的风热感冒，在发散风热药中加小量羌活，往往会使疗效更好。

（2）胜湿止痛：辛温气雄，畅行气血，调理气机，故能蠲痹止痛，尤善上行达颠顶，故前躯和前肢风痹最为对症。

因本品能引药归经，直达病所，所以，亦常作治项背风湿的引经药。

[主要成分]　挥发油（蒎烯、柠檬烯）、香豆素（羌活醇、羌活酚、佛手苷内酯）、甾醇（β-谷甾醇）、糖类、有机酸、氨基酸。

[药理作用]　对伤寒杆菌、大肠杆菌有抗菌活性；镇痛抗炎；改善脑血液循环；抗心肌缺血、心律失常；抗血栓形成。

[用量]　牛、马：20~30g 。猪、羊：3~10g；禽、兔：1~1.5g。

【附】　羌活与桂枝：羌活善治脊背、头项之疼痛。桂枝善治肩、臂、四肢之风寒疼痛。羌活与独活：羌活气味雄烈，走表治表证为主。治头、项、脊背、四肢之游风。独活气味淡薄，除筋骨间风湿为主，治腰、胯、后肢之伏风 。

紫苏

紫苏为唇形科一年生草本植物紫苏的干燥茎叶。

[性味归经]　辛，温。归肺、脾经。

[功效]　散寒解表，行气宽中。

[应用]

（1）发散风寒：紫苏辛温，入肺经，能发散风寒，开宣肺气，风寒感冒兼有胸闷咳嗽用之最宜。发散风寒最宜用紫苏叶。

（2）行气宽中：脾喜温暖爱芳香，本品气香而温，所以能益脾开胃，行气宽中，多用于治疗脾胃气滞，肚腹胀满之症。行气宽中用紫苏梗。

（3）行气安胎：常配砂仁、陈皮疗气滞引起的胎动不安。

[主要成分]　挥发油（主为萜类如紫苏醛）、黄酮及其苷

类、氨基酸类、类胡萝卜素、脂肪酸等。

［药理作用］ 解热（刺激汗腺分泌，扩张皮肤血管）、抗病原微生物（对大肠杆菌、痢疾杆菌、绿脓杆菌、金黄色葡萄球菌、皮肤真菌、乙肝病毒等有抑制作用）、止血止呕、镇咳祛痰、抗自由基防脂质过氧化等。

［用量］ 牛、马：15～45g；猪、羊：5～15g。禽：1.5～3.0g。

【附】 紫苏部位不同疗效有差异：紫苏梗偏于理气安胎；紫苏叶偏于发散表邪；全紫苏偏于理气解表。紫苏子偏于降气定喘、止咳化痰，如三子养亲汤（紫苏子、白芥子、莱菔子），另外紫苏子能润肠通便，特别是白紫苏子。

白芷

白芷为伞形科多年生草本植物白芷之根。晒干用。

［性味归经］ 辛，温。归肺、脾经。

［功效］ 散寒解表，行气宽中。

［应用］

（1）发散风寒，祛风止痛：本品辛温入肺经，所以能发散在表之风寒。配荆芥、防风疗风寒感冒；配羌活、独活疗风寒肢体疼痛。

（2）散结消肿，祛腐排脓：本品辛温，故能活血止痛，祛腐生新。配金银花、连翘、蒲公英疗疮痈初起；配乳香、没药、浙贝母、蒲公英疗乳痈。

（3）脑颡流鼻：本品性善上行，通鼻窍，常用于疗鼻炎、副鼻窦炎。如配辛夷、苍耳子、连翘、黄柏、木香等疗鸡传染性鼻炎。

［主要成分］ 挥发油。

［药理作用］ 抗菌（对大肠杆菌、绿脓杆菌、伤寒杆菌、皮肤真菌等有抑制作用）、解热镇痛、抗光过敏。

［用量］　牛、马：15～45g；猪、羊：3～8g；禽、兔：1～3g。

细辛

细辛为马兜铃科多年生草本植物细辛的带根全草，根细而辛故名。生用或蜜炙用。

［性味归经］　辛，温。归肺、肾经。

［功效］　散寒解表，祛风止痛，温肺化饮。

［应用］

（1）发散风寒：辛温性烈，能疏通内外阳气，温散肾经风寒。阳虚之体感受风寒，证见发热、无汗、怕冷、脉沉，用附子、麻黄、细辛治疗，细辛协麻黄解表，协附子温阳，最为对证。

（2）散寒止痛：辛散温通，能发散风寒，又能止痛，常配川乌、羌活、独活、木瓜疗风湿痹痛。

（3）温肺止咳：辛温入肺经，可疗肺寒气逆，温肺化饮。配半夏、干姜、五味子疗外感风寒挟痰湿咳喘。

［主要成分］　挥发油、去甲乌头碱。

［药理作用］　抗菌（对金黄色葡萄球菌、枯草杆菌、绿脓杆菌、痢疾杆菌、伤寒杆菌等有抑制作用）、解热镇痛、局部麻醉作用、提高机体新陈代谢等。

［用量］　牛、马：9~24g；猪、羊：1.5~6g；禽、兔：0.5~1g。

（二）发散风热药

本类药物多味辛性寒凉，发散风热为其主要功效，发热重恶寒轻、耳鼻发热、鼻镜或鼻唇镜欠润、口色稍红、口稍干、咽喉疼痛、脉象浮数等表热症，用之最适。也常用于温病初起及痘疹初期。

菊花

菊花为菊科多年生草本植物菊花的干燥花。分白菊花（怀菊、亳菊、滁菊）和黄菊花（杭菊）。

[性味归经] 辛、甘、苦，微寒。归肝、肺经。

[功效] 疏风清热，解毒，明目。

[应用]

(1) 疏风清热：菊花清轻凉散，达表上浮，善清上焦风热，黄菊花尤良。主治外感风热、温病初起。如菊花配金银花煎水，让鸡饮用，可清热解毒、疏风散热、预防流感。

(2) 养肝明目：本品甘寒入肝经，所以“为养肝明目要药”，白菊尤良。肝肾阴虚，水不涵木所致目昏睛暗，可用杞菊地黄丸（枸杞子、菊花、熟地黄、泽泻、山药、茯苓、山萸肉、牡丹皮）；肝经风热或肝阳上亢所致目赤肿痛，也多选用菊花，如治流泪经验方（生石膏、黄连、栀子、菊花、黄芩、车前子、羌活、细辛）。

[主要成分] 三萜甾醇类（棕榈酸、蒲公英甾醇、齐墩果酸等）、黄酮类（槲皮素、橙皮素等）、挥发油（樟脑、龙脑等）。

[药理作用] 降压、扩冠、增强心肌细胞抗缺氧，调节心脏功能；抗菌抗毒（对金黄色葡萄球菌、溶血性链球菌、单纯疱疹病毒有抑制作用）；抗炎、抗氧化、抗衰老。

[用量] 牛、马：15~60g；猪、羊：5~15g；禽、兔1.5~3g。

【附】 野菊花：为野生菊花的干燥花，辛、苦，微寒，其功独擅清热解毒，有“真菊延龄，野菊泄人”之说。配金银花、连翘、桔梗、麦冬、紫花地丁、蒲公英、生甘草可疗热毒上攻所致之咽喉肿痛；配金银花、夏枯草、密蒙花，疗风火相煽所致之目赤肿痛；配苦参、黄柏、白鲜皮、蛇床子，疗湿疹和皮肤瘙痒。

[用量] 牛、马：15~45g；猪、羊：5~10g；禽、兔1.5~

3g。

桑叶

桑叶为桑科落叶乔木桑树之叶。霜后者良，生用或蜜炙用。

[性味归经]　苦、甘，寒。归肝、肺经。

[功效]　疏风清热，清肝明目。

[应用]

(1) 疏散风热：本品苦、甘，性寒，轻清发散，入肺经，能散在表之风热，又能清泄肺热。常用于疗风热表证。因发散力弱，表邪较重，全身症状明显，一般不用桑叶，表邪较轻，无体温反应，而肺热咳嗽较重时，用之最宜，如桑菊饮（桑叶、菊花、桔梗、薄荷、杏仁、连翘、甘草、苇根）。

(2) 清肺润肺：桑叶甘而寒，入肺经，故能清泄肺热兼润肺燥，常配浙贝母、淡豆豉、栀子、杏仁、沙参、麦冬、生石膏疗肺热燥咳，如清燥救肺汤（桑叶、麦冬、枇杷叶、生石膏、杏仁、人参、胡麻仁、阿胶）。

(3) 清肝明目：本品入肝经，能清肝泻火，常配菊花、车前子、石决明疗肝经风热引起的目赤肿痛。本品又能滋养肝肾，疗肝肾亏损，如疗肝肾精血亏虚，眼目昏暗的桑麻丸（桑叶、黑芝麻）。

[主要成分]　黄酮类、生物碱、多糖、植物甾醇、氨基酸类等。

[药理作用]　降血压、降血糖、降胆固醇；抗衰老；维持消化、排泄系统健康；增强免疫功能。

[用量]　牛、马：15~30g；猪、羊 5~10g；禽、兔：1.5~2.5g。

【附】　桑叶、菊花：疏散风热，清肝明目，功用相同，常相须而用。桑叶清肺润肺，疗肺热咳嗽，菊花清热解毒，特别是野菊，为其不同之处。

薄荷

薄荷为唇形科多年生草本植物薄荷干燥茎叶。阴干用。不宜久煎。

[性味归经] 辛，凉。归肝、肺经。

[功效] 疏散风热，清利头目，透疹。

[应用]

(1) 解表：本品能疏散在表之风热，主用于风热感冒、温病初起。常与其他发散风热药和清热解毒药配伍使用，有“温病用薄荷，犹如伤寒用麻黄”之说。如银翘散。因薄荷实为平性，与荆芥可用于风热表证一样，薄荷也常用于疗风寒表证。

(2) 利咽清头：薄荷主升主浮，能上达头目，清头利咽。配菊花、桔梗、荆芥、玄参、甘草疗风热上扰所致咽喉疼痛；配柴胡、菊花、木贼等疗风热上攻所致目赤肿痛，羞明流泪。

(3) 疏肝解郁：本品芳香开郁，入肝经所以能调经顺气，疏肝解郁，消食除胀，如逍遥散（当归、白芍、柴胡、白术、甘草、薄荷、生姜）。

(4) 祛风透疹：常配牛蒡子、蝉衣用于痘疹初起，透发不畅。

[主要成分] 挥发油、黄酮类、有机酸、氨基酸等。

[药理作用] 利胆健胃、发汗解表、止痒止痛、祛痰、抗病原微生物（对金黄色葡萄球菌、链球菌、绿脓杆菌、大肠杆菌等有抑制作用）。

[用量] 牛、马：15~45g；猪、羊 5~10g；禽、兔：0.5~1.5g。

牛蒡子

牛蒡子为菊科二年生草本植物牛蒡之成熟种子，又名鼠黏子、大力子。生用。

[性味归经] 辛，凉。归肺、胃经。

[功效] 疏散风热，清利头目，透疹。

[应用]

(1) 清热解毒：味苦气寒，入肺、胃经。肺胃热盛，热毒郁结咽喉，所致之咽喉红肿热痛，牛蒡子能疏散风热，利咽消肿。常配桔梗、薄荷、荆芥等治疗咽喉肿痛。

(2) 疏散风热：味辛气寒，能疏散风热，但其疏散作用不强，很少作为主药，风热感冒或温病初起，特别是兼有咽喉疼痛时，用牛蒡子最为对症。

(3) 透毒外达：本品宣透，入肺、胃经，能宣肺透毒，清解热毒。常用于疗风热疮疹、热毒疮痈。如配葛根、升麻疗痘疹初起，透发不畅；配紫花地丁、野菊花疗疮痈初起。

(4) 通便：含多量脂肪，故能润肠通便，常用于体虚衰老所致肠燥便秘。

[主要成分] 牛蒡苷、脂肪油、牛蒡酚等。

[药理作用] 促进血液循环，抗真菌、解毒等。

[用量] 牛、马：15~30g；猪、羊5~15g；禽、兔：1.5~2.5g。

柴胡

柴胡为伞形科多年生草本植物柴胡的干燥根或全草。分北柴胡、南柴胡、竹叶柴胡，南、北柴胡用根，竹叶柴胡用全草。生用，酒炒或醋炒用。

[性味归经] 苦、辛，微寒。归肝、三焦、心包络、胆经。

[功效] 透表泄热，疏肝解郁，升举阳气。

[应用]

(1) 解表退热：柴胡辛散升浮，解表退热，治表证不分寒热。配伍辛温解表药，温散表邪，疗风寒感冒；配辛凉解表药，凉散表邪，疗风热感冒；配辛平解表药，平散表邪，疗寒热不明显感冒。如柴胡与甘草配伍名柴胡散，辛平解表。

(2) 疏肝解郁：柴胡轻清升浮，有生发之性，透达之力，又入肝经，所以常配当归、白芍、香附、川芎疏肝解郁，疗肝气郁结引起的腹胀胁满、乳肿等。

(3) 升阳举陷：味薄主升，可引清阳之气上行，故能升阳举陷，常与党参、黄芪配伍，疗中气下陷引起的阴道脱、肛脱及子宫脱垂。

(4) 柴胡与黄芩配伍，能和解少阳，疗半表半里证。

[主要成分] 皂苷和黄酮类。

[药理作用] 保肝利胆作用，解热抗炎作用，抗病毒抗内毒素作用，免疫增强作用。

[用量] 牛、马：15~45g；猪、羊：3~10g；禽、兔：1.2~3g。

【附】 柴胡解表退热，生用，用量要偏大；疏肝解郁要醋制，提升正气要酒制，用量偏小。

升麻

升麻为毛茛科多年生草本植物升麻之根茎。生用或炙用。

[性味归经] 辛、甘，微寒。归肺、脾、大肠、胃经。

[功效] 发表透疹，清热解毒，升阳举陷。

[应用]

(1) 透疹：升麻轻清上升，气味淡薄，故能升透邪毒外出，透泄疹毒。临床上配紫草、葛根、龙胆草、赤芍、荆芥、防风等透疹外出，治疗鸡痘。

(2) 提升中气：可升举脾胃清阳之气，有“清阳下陷，非升麻不举之说”。配柴胡、党参、黄芪等疗中气下陷。

(3) 解毒：善透阳明胃之毒热。常配黄连、生石膏等疗胃火过亢引起的口疮、齿痛、咽喉肿痛。

[主要成分] 阿魏酸、咖啡酸、β-谷甾醇等。

[药理作用] 对皮肤真菌、结核杆菌有抑制作用，有减缓心率、解热镇痛作用。

[用量]　牛、马：15~30g；猪、羊：3~6g；禽、兔：1.2~3g。

葛根

葛根为豆科多年生藤本植物葛的干燥根，又名甘葛，含淀粉多者称粉葛。生用或煨用。

[性味归经]　甘、辛，凉。归脾、胃经。

[功效]　解表退热，升阳、透疹，解热、生津。

[应用]

(1) 解表退热：风寒、风热表证均可用葛根解表退热。特别是外感风寒兼有项强（项颈转动不灵、疼痛，是颈部浅表毛细动脉痉挛引起）时必用。表实兼项强，可用麻黄汤加葛根治疗；表虚兼项强可用桂枝汤加葛根治疗。

(2) 葛根透泄热毒，解肌透疹：常与升麻、蝉衣配伍疗皮肤痘疹。

(3) 煨用升发阳气：葛根煨后辛凉力减，味甘入阳明胃经，能升发清阳，鼓舞脾胃阳气。疗清阳不升所致之脾胃虚泻，如升阳益胃汤（葛根、黄芪、党参、半夏、甘草、白芍、茯苓、白术、羌活、独活、陈皮），升发脾胃之阳而止泻。

(4) 葛根（粉葛）入脾胃经，生津止渴。葛根生津止渴应用广泛，热邪伤津，葛根泄胃热，而生津；阴虚津亏，葛根配养阴药而生津；脾虚津液不能上承，葛根配补脾阳药而生津。

[主要成分]　黄酮类、大豆素、大豆苷。

[药理作用]　增加脑和冠状动脉循环血量，有降压、退热、镇静、解惊作用。

[用量]　牛、马：20~60g；猪、羊：5~15g；禽、兔：1.5~3g。

蝉蜕

蝉蜕为蝉科昆虫蚱蝉的若虫羽化后所脱落的壳，又名蝉衣。去头足用。

[性味归经] 甘，寒。归肺、肝经。

[功效] 疏散风热，祛风解惊，透疹上痒，退翳明目。

[应用]

(1) 疏散风热：本品味甘性寒，轻浮宣散，故能凉散风热，开宣肺窍，利咽开音。配薄荷、连翘、生石膏等治外感风热，咽喉肿痛。

(2) 透疹止痒：本品长于透发，常配葛根、薄荷、连翘、牛蒡子等治疗疹块初起、疹出不畅及皮肤瘙痒。

(3) 明目退翳：常配菊花等疗风热目赤，翳膜遮睛。

(4) 解痉：常与全蝎、蜈蚣等同用疗破伤风。

[主要成分] 甲壳质、蝶啶色素类等。

[药理作用] 镇静、抗惊厥、解热、透疹等。

[用量] 牛、马：15~60g；猪、羊 3~15g；禽、兔：0.5~1g。

二、清热药

药性寒凉、清解里热为主的一类药物叫清热药。本类药物主用于表证已解，积滞已除，而见高热不退、舌苔黄厚、湿热黄疸的气分实热证；舌绛无苔、斑疹隐现、便血、尿血、脉象细数、午后热重的营血分实热证；神昏、烦渴的暑热证和热毒疮肿。本类药物气味寒凉易伤脾胃，又易损阳气，所以，脾胃虚弱、阳气虚损者要慎用。清热药可分五类：

（一）清热降火药

用于治疗温病气分热证和内科脏腑气分热证的一类药物，称清热降火药。

本类药物有两大功效：①疗温病气分热证，主要症状是壮热不退（体温升高），大汗不止，口渴贪饮，脉象洪数、便干尿浓，舌苔黄燥。②疗脏腑气分热证，本型热证无体温反应，仅现热象（分解代谢增强）和对应脏腑症状（脏腑功能紊乱），如胃经实热，苔黄口渴；肺经实热咳嗽咽痛；心经实热烦躁不安；肝经实热目赤肿痛等。

能清温病气分热证称典型清热降火药，如知母、生石膏、栀子、淡竹叶等。仅能清脏腑气分热证称非典型清热降火药，如天花粉、莲子心等。

本类药物除上述两大功效外，还多能生津止渴，临床上本类药物多与生津止渴和清热解毒药配伍应用。因本类药物性多寒凉，故用药要考虑正气，勿令克伐太过，必要时要配伍扶正之味。

石膏

石膏又称白虎，主要成分是含十水硫酸钙的矿石。生石膏多内服，煅石膏多外用。

［性味归经］ 辛、甘，大寒。入肺、胃经。

［功效］ 清热泻火、除烦止渴。

［应用］ 石膏味辛主散，气寒清热，入肺、胃经，走肌表，所以能清肺胃之实热而解肌热。味甘主补，甘寒相合能生津止渴，故本品内清肺、胃之火，外解肌肤之热，并能生津止渴除烦。

（1）邪入阳明气分，症见壮热、烦渴、脉洪数、汗出不止者，治之必用生石膏，如白虎汤。

（2）温病热，气分证未罢，邪又深入营血，症见气血两燔（高热、舌绛、苔焦、皮肤或可视黏膜出血）或时行热疫（高热神昏，耳、鼻、四肢末端发紫，鼻镜或鼻唇镜干裂）也必用生石膏。如化斑汤（白虎加参汤+玄参、犀角）。

（3）清肺热：常配杏仁、麻黄清肺平喘。如麻杏石甘散。

（4）清胃热：胃火过亢引起的牙龈肿痛，咀嚼缓慢，甚至吐草，常与生地、牛藤配伍治疗。

（5）生石膏以1%~2%比例混饲，可治禽因含硫氨基酸不足引起的啄羽。

（6）煅石膏收敛、生肌，外用治疗湿疹等。

[主要成分] 硫酸钙。

[现代药理作用] 解热作用，镇静、解痉作用，消炎作用。

[用量] 牛、马：60~120g；猪、羊：15~30g；禽、兔：1.0~3g。

【附】 生石膏配解表药如柴胡、麻黄，解表热，疗感冒发热；配清热药如知母、大黄，清泄里热，疗实热证；配补虚药如山药、党参，益气生津清热，治虚热证。生石膏既解表热，又清里热，既退虚热，又泄脏热，实属一味难得之品，所以有“降火之神剂，清热之圣药”之誉。

知母

知母为百合科多年生草本植物知母之根茎。河北蠡县产者佳。生用或盐炒用。

[性味、归经] 苦、甘，寒。入肺、胃、肾经。

[功效] 清热泻火、滋阴润燥。

[应用]

（1）清热泻火：知母味苦气寒，入肺、胃经，清泻肺、胃之火功似石膏，疗肺热咳喘、胃热烦渴多与石膏相须而用。

（2）滋肾养阴：本品入肺、肾经，上清肺金而泻火，下滋肾燥而养阴。滋肾阴，降相火，退虚热，疗阴虚火旺，骨蒸潮热；滋肺阴，疗肺阴虚燥咳；养胃阴，生津止渴。能“泻无根之肾火，疗有汗之骨蒸”。

[主要成分] 甾体皂苷类、双苯吡酮类（主要为芒果苷）、黄酮类、木脂素、生物碱、有机酸、多糖。

[药理作用] 解热、祛痰、利尿、抗菌（对大肠杆菌、肺

炎双球菌、溶血性链球菌、金黄色球菌等有抗菌活性）、抗血小板凝聚、扩张脑血管和冠状动脉、清除自由基、降胆固醇、降血糖、增强免疫力。

［用量］ 牛、马：20~45g；猪、羊：6~15g；禽、兔：1~2g。

【附】 本品生用走气分主泻胃火，盐炒走下焦养肾阴，酒炒走上焦滋阴降火。

栀子

栀子为茜草科灌木栀子的成熟果实。因果形似栀故名。生用、炒黄、炒炭。

［性味归经］ 苦，寒。入心、肝、肺、胃、三焦经。

［功效］ 泻火除烦、凉血解毒、清热利湿。

［应用］ 本品生用味苦气寒，以清泻为功，能泻肺经之火，清心经之热，凉肝经之血，所以栀子能清泻上、中、下三焦气分、血分实火而利小便。一切热毒充斥三焦，壅积脏腑的实热证，栀子自古恒为常选要药。

（1）清气分实热证：①清脏腑热：栀子通利三焦，上清肺热治咳喘，中清胃热而止渴，下清肝热疗目赤，尤长于清心热疗畜禽出现的躁扰不宁。与黄芩、黄连、黄柏配伍为“黄连解毒散”，是泻三焦实火的最基础方。②清气分热：心热内盛，心烦不安时最宜选用。但因味苦生燥，气分证高热伤津，烦渴多饮时不宜选用。

（2）清热利湿：疗湿热淋证常配滑石、木通；疗湿热黄疸常配茵陈、大黄。

（3）凉血止血：气有余便是火，治实火之血，顺气为先，火熄气自顺，气顺血自循经。故各种实火迫血妄行所致之便血、尿血，栀子为常选之品，常与牡丹皮、生地黄、赤芍、黄连、大黄配伍应用。

(4) 栀子炒炭止血、炒黄除烦。对栀子炮制研究证明：生用：清热泻火力强（栀子苷之活性）；炒炭：鞣质含量增加，栀子苷减少，鞣质收敛止血；炒黄后所含熊果酸水溶解度增大，熊果酸有镇静除烦之功，所以炒栀子主清心除烦。

[主要成分] 环烯醚萜类（栀子苷），黄酮类（栀子素）三萜类（栀子花酸），有机酸酯类（氯原酸）、熊果酸等。

[药理作用] 解热、抗菌、利胆、保肝、镇静等。栀子的主要成分京尼平（栀子苷元）研究最多，已证明有保肝利胆、抗炎、抗菌、抗血栓、抗肿瘤、抗抑郁、疗糖尿病、抑制神经毒等作用。

[用量] 牛、马：15～45g；猪、羊：6～12g；禽、兔：1～2g。

【附】 栀子得茵陈退湿热黄疸；得淡豆豉清心除烦；配滑石治血淋、尿闭；佐柴胡、白芍疗肝胆郁火；使生地黄、牡丹皮治吐血、衄血不止。

淡竹叶

淡竹叶为禾本科多年生草本植物淡竹之叶。生用。

[性味归经] 甘、淡，寒。归心、胃、小肠经。

[功效] 清热除烦、利尿。

[应用]

(1) 清热除烦：本品气寒入心经，上能清心除烦，疗心经积热，下利小便，疗心热下移小肠所致之口舌生疮、牙齿肿痛、小便涩赤淋痛，如主治小便赤涩的导赤散（木通、生地、淡竹叶、甘草梢）。

(2) 清气分热，常用于温病气分热证，药效以竹叶卷心为佳。又善清胃热，疗热病口渴常与麦冬、生石膏等同用。

(3) 疗外感风热，常与薄荷、金银花、连翘、荆芥同用。

[主要成分] 黄酮类、多糖、茶多酚、氨基酸等。

[药理作用] 多糖有免疫增强作用；含7种必需氨基酸，以天冬氨酸和谷氨酸含量多；茶多酚有抗衰老，消除自由基作用；黄酮类有抗氧化，抗血栓，改善微循环；抗菌（对金黄色葡萄球菌、链球菌、大肠杆菌等有较强抑制作用）。

[用量] 牛、马：15~45g；猪、羊：6~12g；禽、兔：1~3g。

【附】 竹叶：为淡竹之叶，功用与淡竹叶相似，清心除烦优于淡竹叶，但通淋利尿不及淡竹叶。竹叶卷心为淡竹之枝条的嫩尖，叶尚未展开之部分，清热力更强。

夏枯草

夏枯草为唇形科多年生植物夏枯草的果穗或全草。

[性味归经] 苦、辛，寒。归肝、胆经。

[功效] 清肝火，散郁结。

[应用]

(1) 清肝火：本品善清肝火。常配菊花、石决明疗肝火上扰引起的目赤肿痛；配勾藤疗肝阳上亢引起的神志不安。

(2) 散郁结：疗痰火郁结所致之瘰疬、痈肿，如配金银花、连翘、紫花地丁、蒲公英疗乳痈初起。

[主要成分] 夏枯草苷、齐墩果酸（五环三萜类）。

[药理作用] 对链球菌、大肠杆菌、绿脓杆菌、肺炎球菌、皮肤真菌有抑菌作用。还有利尿作用。齐墩果酸很多中药含有，研究最多，已证明能减少肝损伤，促进肝细胞再生，抑制肝纤维增生降低肝硬化，降低谷丙转氨酶等。

[用量] 牛、马：15~60g；猪、羊：6~15g；禽、兔：1.0~3g。

（二）清热燥湿药

本类药物多味苦性寒，苦能燥湿，寒能清热。其临床有三大药效，但各有侧重：①清热燥湿：用于治疗高热喜卧，食少体倦为主症的湿温证，如黄芩；湿热蕴积胃肠引起的热毒痢疾，如黄连；肝胆湿热所致的皮肤、结膜黄染，如龙胆草；湿热蕴积下焦引起的淋证和湿热痹证，如黄柏；湿热导致的疮疹，如苦参。②清热泻火：本类药物能清温病气分热证，又能清杂病脏腑气分热证，如黄芩清肺热，黄连清心、胃热，黄柏清虚热。③清热解毒：疗热毒疮痈。

因本类药物药性大寒，易伤脾胃，味苦又易伤津，所以胃弱、津亏者慎用。

黄芩

黄芩为唇形科多年生草本植物黄芩的根。中空而黑，外表棕黄，颇似腐木，称枯芩或片芩；里外坚实，黄带微绿称子芩或条芩。生用、酒炒或炒炭用。

[性味归经]　苦，寒。归肺、胆、胃、大肠经。

[功效]　清热燥湿、泻火解毒、安胎、止血。

[应用]

(1) 清热燥湿：症见体倦壮热之湿温证，黄芩能清热燥湿、退热，最为多用。如鸡患湿温证，见高热、喜卧、四肢倦怠，食少纳呆，舌面滑腻，咳嗽气喘，用黄芩配伍白芍、栀子、知母、厚朴、草果、大白，清热燥湿，避秽化浊，开达膜原，多有良效。

(2) 清热泻火：黄芩除常用于湿温证外，又善清肺、胃气分热证。特别是热壅上焦，痰阻肺金，引起的身热咳嗽，痰黄黏稠之肺热，常与金银花、连翘与麻杏石甘散（麻黄、杏仁、生石膏、甘草）配伍，清肺热，泻肺火，火降痰消，则肺自安和，马、牛急性支气管炎或支气管肺炎，常用此方治疗。

(3) 清热安胎：与白术同用清热安胎，为安胎方剂。

(4) 凉血止血：血热妄行出血时，配生地黄、茅根泻火止血。

(5) 配柴胡，疗寒热往来之少阳证，如小柴汤。

［主要成分］　黄酮类（黄芩苷或黄芩素）。

［药理作用］　抗病原微生物（对金黄色葡萄球菌、肺炎球菌、流感病毒、皮肤真菌、钩端螺旋体等有抑杀作用）、解热、利胆、抗变态反应、抗血栓形成、抗氧化，清除自由基和保肝。

［用量］　牛、马：15~90g；猪、羊：6~15g；禽、兔：1.5~2.5g。

【附】　本品得桑皮泻肺火而治咳；得白芍清热敛阴缓急而治痢；得白术清热补气而安胎；得柴胡和解少阳治寒往来；得黄连清热解毒之力更猛，可疗一切高热病；得栀子清利湿热，疗湿热黄疸。

黄连

黄连又称为川连、雅连、鸡爪连，为毛茛科多年生草本植物黄连的根，形似鹰爪，连珠而黄故名。生用或姜炒用。

［性味归经］　苦，寒。归心、肝、胃、大肠经。

［功效］　清热燥湿、泻火解毒。

［应用］

（1）清热燥湿：黄连能疗多种湿热证，但最善清湿热蕴积中焦所致之肠黄泻痢，有“黄连疗痢大善，厚肠胃之圣药”之说。《药性赋》云：“黄连治冷热之痢，厚肠胃而止泻。”

（2）清热泻火：黄连既能清温病气分热证，又能清脏腑气分热证，但最多用于心经、胃经气分热证，心经积热，循经上炎所致口舌生疮；心火亢盛所致的烦躁不安及热入心包所致之神昏狂躁。有黄连为“最主要泻心之品”说，如疗心热炽盛，口舌生疮的泻心汤（黄连、黄芩、大黄、石膏、赤芍、竹茹、车前、灯心草）。黄连又善清胃热，胃热炽盛所致之呕吐，常以姜汁拌炒黄连治疗。

（3）清热解毒：“诸肿疮疡皆属于心”，因黄连清心，是疮疡之要药，诸疮必用。

（4）血热妄行引起的吐血、衄血，黄连可清热止血。

（5）热邪伤津引起之烦渴，黄连可清热止渴。

（6）因能清肝明目故又为疗目疾要药。

［主要成分］　生物碱（小檗碱、黄连碱、药根碱等）、阿魏酸、氯原酸。

［药理作用］　抗病原微生物（对 G^+ 菌、G^- 菌、流感病毒、皮肤真菌、原虫等有抑制作用。主要是阻碍 RNA 和蛋白质的合成）、抗炎、抗溃疡、增加冠状动脉血流量。

［用量］　牛、马：15～45g；猪、羊：6～15g；禽、兔：0.6～1.2g。

黄柏

黄柏为芸香科落叶乔木黄柏的树皮。产于东北的称关黄柏，产于四川的称川黄柏。以皮厚断面色泽深，水湿后黏性强者为佳。生用或盐炒用。

［性味归经］　苦，寒。归肾、膀胱、大肠经。

［功效］　清湿热、泻火毒、退虚热。

［应用］

（1）清热燥湿：黄柏与黄连、黄芩一样能治多种湿热证，如疗肠黄泻痢，功似黄连。但黄柏特善清下焦湿热，常用于热淋、带下及湿热下注伤筋引起的痿证，故为治痿要药（后肢痿弱，足膝肿痛、麻木、瘫痪），如二妙散（黄柏、苍术）。

（2）制相火退虚热。常配知母治骨蒸劳热、遗精、盗汗。

（3）清热解毒：疗热毒所致的疮癀肿毒。

［主要成分］　生物碱（小檗碱、黄柏碱、药根碱等）、黄柏酮、苦味素等。

［药理作用］　抗病原微生物（抑杀金黄色葡萄球菌、溶血性链球菌、肺炎双球菌、大肠杆菌、绿脓杆菌、皮肤真菌、阴道滴虫）、降压作用。

[用量]　牛、马：15~45g；猪、羊：6~15g；禽、兔：0.6~2g。

【附】　黄芩、黄连、黄柏药性相近，故又称三黄，它们都能清热燥湿，但黄芩因能退壮热，所以多用于湿温证；黄连主清中焦大肠湿热，如疗湿热痢疾；黄柏主清下焦湿热，如湿热淋证、湿热带下；都能清热泻火，用于温病气分热证和脏腑气分热证，但黄芩主用于清湿温证、肺热和少阳热；黄连主用于清心、胃热，如心烦不眠，胃热呕吐；黄柏主用于清肾虚火旺；都能清热解毒，用于疮痈肿痛，但黄连作用最强，因黄连清心。

苦参

苦参为蝶形科植物苦参之根，根极苦得名。晒干用。

[性味归经]　苦，寒。归心、肝、肺、膀胱、大肠经。

[功效]　清热燥湿、祛风、杀虫、利尿。

[应用]

(1) 清热燥湿。本品大苦大寒，故能清热燥湿，配黄连、黄柏等治肠黄泻痢；伍栀子、茵陈、车前子疗湿热黄疸；配龙胆草、栀子泻肝胆实火。

(2) 祛风止痒：配荆芥、防风疗皮肤瘙痒；配白鲜皮、苍术治湿疹；配雄黄、枯矾治疥癣。

(3) 清热利尿：常配木通、车前子、当归治湿热蕴结下焦所致小便不利。

[主要成分]　生物碱（苦参碱和氧化苦参碱等）、黄酮类。

[药理作用]　抗病原微生物（对痢疾杆菌、金黄色葡萄球菌、阿米巴原虫等有抑制作用）、免疫调节作用，抗炎作用，抗肝炎病毒及抗肝损伤作用、抗心律失常等。

[用量]　牛、马：15~60g；猪、羊：6~15g；禽、兔：1.0~1.5g。

秦皮

秦皮为木樨科落叶乔木苦白蜡树之茎皮。晒干生用。

[性味归经] 苦，寒。归肝、胆、大肠经。

[功效] 清热燥湿、清肝明目。

[应用]

(1) 清热燥湿：用于疗湿热下痢，如白头翁汤。

(2) 清肝明目：疗肝热上攻引起的目赤肿痛和目生翳障。

(3) 清肺热、祛痰、平喘：疗慢性支气管炎。

[主要成分] 秦皮甲素、秦皮乙素、秦皮素、秦皮苷。

[药理作用] 抗病原微生物（对金黄色葡萄球菌、大肠杆菌、志贺痢疾杆菌、绿脓杆菌、疱疹病毒等有抑制作用），对神经和血管有保护作用，且保肝利尿、抗炎镇痛、抗氧化等。

[用量] 牛、马：15~45g；猪、羊：6~12g；禽、兔：1.0~1.5g。

龙胆草

龙胆草为龙胆科多年生草本植物龙胆的干燥根和根茎。晒干生用。

[性味归经] 苦，寒。归肝、胆、胃经。

[功效] 清热燥湿、泻肝火。

[应用]

(1) 清热燥湿：本品苦寒，故能清热燥湿，尤善清下焦湿热，主用于湿热黄疸、小便赤短、皮肤湿疹。

(2) 泻肝经实火：常配栀子、木通、柴胡、黄芩等疗肝火上炎引起的目赤肿痛，如龙胆泻肝汤。

[主要成分] 环烯醚萜和裂环烯醚萜类、黄酮类、三萜类等。

[药理作用] 抗炎、抗菌（抑杀绿脓杆菌、痢疾杆菌、金黄色葡萄球菌）、抗氧化、保护肝脏、促进胃液分泌等。

［用量］　牛、马：15～60g；猪、羊：6～15g；禽、兔：1.5～3g。

胡黄连

胡黄连为玄参科多年生草本植物胡黄连的干燥根茎。生用。

［性味归经］　苦，寒。归心、肝、胃、大肠经。

［功效］　清热燥湿、退虚热、杀虫。

［应用］

（1）本品苦寒，故能清热燥湿，解毒功似黄连，常配黄柏、苦参等疗热痢肠黄。

（2）本品入肝经，故能清肝利胆，常配夏枯草、石决明疗肝火上扰所致目赤肿痛。

（3）退虚热：常配秦艽、地骨皮、银柴胡疗阴虚发热。

［主要成分］　环烯醚萜苷类、葫芦素类、酚苷类。

［药理作用］　抗皮肤真菌，抗乙肝病毒，保护肝脏，具利胆作用。

［用量］　牛、马：15～30g；猪、羊：3～9g；禽、兔：0.5～1.5g。

（三）清热解毒药

凡能清热邪或火邪，解热毒或火毒之药称清热解毒药。热极化火，火极化毒，毒结血凝。所以，毒是火热炽盛所化，故“治毒者，必治火也”。本类药物主用于：热毒所致之温热病的卫、气、营、血各证，毒痢、疮痈、肺胃热盛或风热犯肺所致咽喉肿痛。

金银花

金银花为忍冬科灌木忍冬的花蕾。初花白色，以后转黄所以称金银花。山东济南产者良。生用。

［性味归经］　甘，寒。归肺、胃、大肠经。

［功效］　清热解毒。

[应用]

(1) 清热解毒：金银花气寒，故能清热解毒，且味甘有补性，则逐热毒而不伤正，故为治毒之通剂，疗内痈、外痈常用之品。如配败酱疗肠痈，配蒲公英疗乳痈，配鱼腥草疗肺痈，配黄芪扶正托脓，配地榆疗热毒痢疾，配牛蒡子、板蓝根疗咽喉肿痛。

(2) 用于温病各阶段：卫分证，能疏散风热，清热解毒，常用方剂银翘散；气分证能清气泻火，清热解毒，常用方剂银翘白虎汤；营血分证能清营凉血，清热解毒，常用方剂有清营分证的清营汤和清血分证的神犀丹（水牛角、石菖蒲、黄芩、生地黄、金银花、连翘、金汁、板蓝根、玄参、花粉、紫草、香豉）。

(3) 凉散风热：金银花体轻升散，既能清解，又长于宣透、发散体表之热。常配连翘、桔梗、牛蒡子、薄荷等疗风热感冒。

[有效成分] 挥发油（芳樟醇、苯甲醇等）、有机酸（氯原酸等）黄酮和苷类。

[药理作用] 具有抗菌抗毒（对金黄色葡萄球菌、链球菌、肺炎球菌、大肠杆菌、沙门杆菌、流感病毒等有很强的抑制活性）、解热消炎、抗氧化、调节免疫功能、保肝等药效。与青霉素合用其抗菌活性有协同作用。

[用量] 牛、马：30~60g；猪、羊：6~12g；禽、兔：1.2~2.4g。

【附】 忍冬藤：忍冬的茎枝。味甘、苦，气寒，主要临床功效：

(1) 消肿散结，通经活络：本品燥湿而不伤阴，苦寒而不损气，其清热解毒之力虽远不及金银花，但祛风除湿、通经活络之力较强。湿热或瘀热阻于经脉，经脉阻塞，呈现肿胀疼痛的风湿、类风湿证，或留滞关节，影响气血运行、经络畅通，呈现红肿热痛的关节炎等，均可随证选配忍冬。

(2) 清热解毒，疗热毒痢疾：湿热阻滞胃肠，气机被阻所致之里急后重，便带黏液脓血之痢疾，忍冬化瘀消结，清热解毒，为常选之味。

(3) 外用：乳痈、疮肿，忍冬一味煎汤洗之捷效。

(4) 忍冬还可解毒蕈中毒。

[用量]　牛、马：30~120g；猪、羊：15~30g；禽、兔：1.0~2.0g。

连翘

连翘为木樨科落叶灌木连翘的果实壳，形似连房，翘出众草故名。初熟之果色尚青绿称青翘，熟透之果称黄翘（落翘），青翘佳。生用。

[性味归经]　甘，微寒。归心、肺、胆经。

[功效]　清热解毒、消肿散结。

[应用]

(1) 清热解毒：连翘气寒入心，"诸肿疮疡皆属于心"，所以连翘为疗疮痈方剂，消肿散结之力强于金银花，常配金银花、紫花地丁、蒲公英、野菊花等疗热毒凝聚而成之疮痈。

连翘入心经，清心经之火，泻心经之热毒，故心火上炎所致的口舌生疮、咽喉疼痛；心经之火移热于小肠所致尿频、尿痛、热淋以及热入心包所致的神昏狂躁等，连翘多为必选之品。

(2) 用于温病各阶段：卫分证，发散风热，清热解毒；气分证，清气泻火，清热解毒。因连翘无凉血作用，所以疗营血分证不如金银花，用之较少，仅心热炽盛时常选用，如清宫汤(玄参心、莲子心、竹叶卷心、麦冬、连翘、水牛角)。

(3) 发散风热：连翘质轻上浮，清热透邪功似金银花，常与金银花相须用于疗风热表证，但透散之力弱于金银花。

[有效成分]　苯乙醇苷类（如连翘酚)、木脂素及其苷类、

五环三萜类（如齐墩果酸、熊果酸）、挥发油（芳樟醇、蒎烯）。

［药理作用］ 广谱抗菌，抗毒（甲型流感病毒），抗炎，抗内毒素，解热镇痛，抗肝损伤。

［用量］ 牛、马：15~60g；猪、羊：6~12g；禽、兔：0.6~1.8g。

【附】 《珍珠囊》载："连翘之用有三：泻心经客热，一也；去上焦诸热，二也；为疮家圣药，三也。"

板蓝根

板蓝根为爵床科二年生草本植物马兰及十字花科植物兰松的干燥根。晒干用。

［性味归经］ 苦，寒。归心、肺经。

［功效］ 清热解毒、凉血、利咽。

［应用］

（1）清热解毒：本品大寒而苦，故能清热解毒，凉血退热，常用于疗咽喉肿痛，如在禽病临床上，板蓝根配山豆根、黄芩、桔梗、冰片、干蟾、生石膏、雄黄、穿心莲等治疗鸡的喉气和传染性支原体病。

（2）温热病最常用：温病卫分证，外感风热、风热犯肺或肺胃热盛之气分证，多见咽喉疼痛，板蓝根既清热解毒又利咽消肿，所以常常选用；温病营、血分证，热毒深陷营血所致的高热瘟疫和热毒发斑，板蓝根能清热解毒，凉血消斑，用之亦很捷效。如常配黄连、黄芩、生石膏、生地黄、丹参、连翘、穿心莲、栀子、大青叶等，防治猪非典型猪瘟和无名高温病。

（3）经验证明，板蓝根配大青叶、射干、莪术、苦参、柴胡、连翘、黄芪、杜仲、穿心莲、泽泻、甘草可疗鸡马立克病。

［主要成分］ 靛蓝、靛玉红、有机酸。

［药理活性］ 抗菌（金黄色葡萄球菌、链球菌）、抗毒（流

感病毒、病毒性肝炎病毒)、抗内毒素（降低内毒素的致热和致病作用)、免疫增强作用。

[用量]　牛、马：15~60g；猪、羊：3~12g；禽、兔：1.0~2.0g。

【附1】　大青叶：松兰或马兰的干燥叶。生用。

[性味、归经]　苦，大寒。归心、肺、胃经。

[功效]　清热解毒、凉血、消斑。

[应用]　本品清热解毒，功似板蓝根，亦为温热病常用之品。凉血消斑和退热作用强于板蓝根，而疗咽喉肿痛弱于板蓝根，所以最多用于温病营血分证。

禽病临床，大青叶配板蓝根、连翘、黄芩、瓜蒌、山豆根、射干、桔梗、车前、泽泻、茯苓、桂枝、牛藤组成疗肾型传染性支原体病之经验方。鸡肾型传染性支原体病，为湿毒损伤肺、肾，湿热之毒下注，化火灼阴，煎熬津液，结为砂石，瘀阻水道，引起肾脏肿大，尿酸盐在肾和输尿管沉积。大青叶、板蓝根、连翘、黄芩清热解毒；瓜蒌、山豆根、射干、桔梗清肺祛痰；车前、泽泻、茯苓通利水道；桂枝通阳化气，牛藤引药下行。诸药合用，清热解毒，利水通淋，上清肺金，下通水道，疗肾型传染性支原体最为对症。

[用量]　牛、马：30~90g；猪、羊：15~30；禽、兔：1~4.5g。

【附2】　青黛：松兰或马兰的茎、叶加水放置，腐烂脱皮后把茎捞去，加入适量石灰，充分搅拌，待液由绿变紫，捞取上面泡沫样靛蓝粉末，晒干即成青黛。

[性味、归经]　咸、苦、寒。归肝经。

[功效]　清热解毒，凉血消斑。

[应用]　本品清热解毒，凉血定惊，入营化斑。临床上常配贝母、海浮石、瓜蒌仁等，清肺热，化老痰，疗肺热痰喘；配

滑石、甘草名“碧玉散”，疗肝火过旺引起的口舌生疮，内服外用均可；与海螵蛸、煅石膏、冰片共为末，名“青黛散”，可解毒收湿止痒，外用于皮肤湿疹。

[用量] 牛、马：12~24g；猪、羊：3~9g；禽、兔：0.3~0.6g。

鱼腥草

鱼腥草为三白草科多年生草本植物蕺菜的根及全草。因有特异鱼腥味得名。晒干用。

[性味归经] 辛，微寒。归肺经。

[功效] 清热解毒。

[应用]

(1) 清热解毒，疗热毒疮痈，特别是肺痈，鱼腥草为必选之品。与桔梗、石韦、冬瓜仁、薏苡仁、瓜蒌配伍，疗肺痈吐脓；与车前子、益母草、当归、川芎、桃仁、红花、炮姜配伍，疗子宫内膜炎；与金银花、连翘、板蓝根、黄芩、黄芪、筋骨草、柴胡、甘草配伍，经提取制成的鱼腥草抗毒合剂，广谱抗毒。

(2) 清泻肺热、祛痰止咳。与知母、大贝、桑白皮、生石膏配伍，疗急性支气管炎等急性呼吸道感染。与海浮石、青礞石、儿茶、青黛、硼砂、黄芩、雄黄、山豆根、金银花、连翘、生石膏、杏仁、麻黄配伍，疗禽呼吸道混合感染。

(3) 利尿通淋，与车前草、海金沙、石韦、金钱草等配伍，疗膀胱湿热淋浊、小便短赤及泌尿道感染。

[有效成分] 鱼腥草素（癸酰乙醛）。鱼腥草素制成针剂，常用于治疗家畜乳腺炎、子宫炎及畜禽肺炎。

[药理作用] 鱼腥草有广谱抗菌、抗毒作用，对金黄色葡萄球菌、链球菌、肺炎球菌、大肠杆菌等有抑杀作用。此外鱼腥草还有免疫增强及利尿作用。

［用量］　牛、马：30～120g；猪、羊：15～30g；禽、兔：1～3g。

穿心莲

穿心莲为爵床科一年生草本植物穿心莲全草。晒干生用。

［性味归经］　苦，寒。归肺、胃、大肠、小肠经。

［功效］　清热解毒、燥湿。

［应用］

（1）清热解毒：本品味苦气寒，能清热解毒，疗内外疮痈。常与鱼腥草、冬瓜仁、桔梗配伍，清肺解毒，祛痰排脓。

（2）清热泻火：既清温病气分热，又清肺热，清肺热很似黄芩。如配桑皮、地骨皮，泻火清肺平喘，疗呼吸道感染。

（3）清热燥湿：与清热利尿药同用疗热淋尿频；与清热治痢药同用疗湿热泻痢。

［有效成分］　二萜类（穿心莲内酯）、黄酮类（汉黄芩素）甾体皂苷、生物碱等。

［药理作用］　解热、抗菌（可灭活溶血性链球菌、伤寒杆菌）、抗毒（可灭活疱疹病毒Ⅰ型、腺病毒7型）、对免疫功能有双向调节作用、抗血小板凝聚、抗心肌缺血、抗动脉硬化。

［用量］　牛、马：60～120g；猪、羊：30～60g；禽、兔：3～6g。

蒲公英

蒲公英又称黄花地丁、婆婆丁，为菊科多年生草本植物蒲公英的带根干燥全草。晒干生用或鲜用。

［性味归经］　苦、甘，寒。归肝、胃经。

［功效］　清热解毒、利湿。

［应用］

（1）清热解毒：本品有广谱植物抗生素之誉，能清热解毒，疗内外疮痈，常与野菊花、紫花地丁、金银花、紫背天葵配伍疗各种热毒疮痈。本品有疏通乳腺管之功，所以尤长于疗乳痈。奶牛乳腺炎发病率很高，且因抗生素奶中残留，禁用抗生素预防。因此，近年来，人们正努力培育蒲公英高产品种，用其作饲料喂牛预防乳腺炎，特别是隐性乳腺炎。

（2）清脏腑热：主用于肺热咳嗽，肝热目赤肿痛，胃热咽喉肿痛及急性胃炎。如配黄芩、金银花、鱼腥草疗痰热郁肺；配板蓝根、金银花、大贝疗咽喉肿痛。

（3）清热利湿：配木通、滑石、土茯苓等疗小便淋痛；配茵陈、栀子、车前、龙胆草疗湿热黄疸。

［有效成分］　公英甾醇、黄酮类、香豆素类、皂苷等。

［药理活性］　广谱杀菌作用，能杀金黄色葡萄球菌、链球菌、大肠杆菌、肺炎球菌、沙门杆菌、绿脓杆菌等。

［用量］　牛、马：20~60g；猪、羊：6~12g；禽、兔：1.5~3g。

紫花地丁

紫花地丁为堇菜科多年生草本植物紫花地丁带根全草。晒干用。

［性味归经］　苦、辛，寒。归心、肝经。

［功效］　清热解毒。

［应用］　本品苦、辛，寒。故能清热解毒，消肿散结。常用于疗肺痈、肠痈及乳痈。因清热解毒，泻火凉血之力猛，毒盛时用之最宜，内服外用均可，常配金银花、当归、生甘草、明矾疗疮痈疔毒。如五味消毒饮（金银花、野菊花、蒲公英、紫花地丁、紫背天葵）。

［主要成分］　黄酮类、糖类、氨基酸、酚性成分、多肽及蛋白质、皂苷、有机酸、植物甾醇等。

［药理作用］　对金黄色葡萄球菌、链球菌、大肠杆菌、巴氏杆菌、钩端螺旋体有抑制功效；抗炎、抗内毒素、抗氧化；免

疫增强作用。

［用量］ 牛、马：30~60g；猪、羊：6~12g；禽、兔：1.5~3g。

山豆根

山豆根为豆科常绿蔓状亚灌木广豆根之干燥根。生用。

［性味归经］ 苦，寒。归肺经。

［功效］ 清热解毒、利咽喉。

［应用］

（1）本品味苦气寒，入肺经，能清热解毒，消肿利咽。主用于火毒蕴结引起的咽喉肿痛、牙龈肿痛、湿热黄疸、湿热带下。如配黄连、连翘、生石膏、生地黄、牡丹皮、栀子疗口舌生疮、牙龈肿痛；配生甘草、大青叶等疗钩端螺旋体病；配金银花、连翘、黄连、黄芩、贝母、桔梗、生地黄、麦冬、甘草疗家畜的咽喉肿痛和鸡的传染性喉气管炎；配桔梗、沙参、玄参、大贝、射干、僵蚕、黄连疗慢性咽喉炎。故山豆根被誉为“疗咽喉肿痛第一要药”。

（2）本品有毒，因所含生物碱有胆碱样作用，能使中枢神经麻痹，呼吸肌麻痹。中毒轻者，腹痛腹泻，重者，四肢麻木，心跳加快，大汗淋漓。单用毒性大，与大黄配伍易出现毒性反应。

（3）本品不宜久煎，因活性成分苦参碱受热活性下降。

［主要成分］ 生物碱（苦参碱、氧化苦参碱）、黄酮类、谷甾醇、酚性成分。

［药理作用］ 对金黄色葡萄球菌、链球菌、大肠杆菌、痢疾杆菌、皮肤真菌、钩端螺旋体有抑制作用。

［用量］ 牛、马：15~45g；猪、羊：6~12g；禽、兔：0.6~1.8g。

射干

射干为鸢尾科多年生草本植物射干的干燥根茎。生用。

[性味归经] 苦，寒。归肺经。

[功效] 清热解毒、祛痰利咽。

[应用]

(1) 解毒利咽：本品苦寒，入肺经，凡热毒郁肺，结于咽喉而致的咽喉肿痛，常配黄芩、牛蒡子、甘草治疗，为疗“喉痹”要药。

(2) 清肺祛痰：因本品善祛热痰，肺热咳嗽痰多者，用之最宜。临床上痰多咳喘，不分寒热，适当配伍，皆可使用。如与贝母、瓜蒌、前胡配伍，清化热痰，与生姜、紫菀、细辛配伍温化寒痰。

[主要成分] 黄酮类（鸢尾苷、射干素）、酮类（射干酮）、三萜类、甾体类（β-谷甾醇、胡萝卜苷）、酚类、醌类、挥发油（桉叶醇）。

[药理作用] 抗菌（对肺炎双球菌、绿脓杆菌、皮肤癣等有抑菌活性）、抗毒（副流感病毒、腺病毒等）、抗炎镇痛、消除自由基、祛痰平喘。

[用量] 牛、马：15~45g；猪、羊：6~12g；禽、兔：0.3~1g。

仙人掌

仙人掌为植物仙人掌去刺地上部分。于清代开始药用。晒干生用。

[性味归经] 苦，寒。归肺经。

[功效] 清热解毒。

[应用]

(1) 清热解毒：本品苦寒，故能清热解毒，主用于治疗热性病，如猪高热，用鲜品（50kg 以上体重 0.5~1.0kg，50kg 以下体重 0.25~0.5kg）煎煮取汁，自饮或灌服，1 天 1 次，连用 3 天，有良效。

（2）清肺：本品入肺经，故亦常用于治疗肺热咳嗽（肺炎、支气管炎）。

（3）行气活血、消肿止痛：常用于疗疖肿、乳痈。鲜品捣成糊状，敷乳房患部，治羊、兔乳腺炎，1 天 1 次，3~5 天可痊愈，若再配伍抗生素效果更佳。

（4）止泻：本品内服可疗肠炎、腹泻、胃溃疡及猪的便秘。

（5）可用作饲料。

[主要成分] 黄酮类（如槲皮素）、有机酸（如苹果酸）、多糖、生物碱。

[药理作用] 抑菌（对金黄色葡萄球菌、大肠杆菌等有抑菌作用）、抗毒（流感、疱疹病毒等）、免疫增强剂（可增强巨噬细胞吞食功能和促进抗体形成）、抗胃溃疡、降血糖、抗炎、抗衰老。

[用量] 牛、马：50~120g；猪、羊：10~60g；禽、兔：1~3g。

干蟾

干蟾是蟾蜍除去内脏的干燥尸体。晒干用。

[性味归经] 辛、苦，凉。归心经。

[功效] 解毒。

[应用] 干蟾辛、苦而凉，能上通下达，内清外透，入气分化湿滞，走血分消瘀斑。临床主用于：

（1）祛痰镇咳：本品寒热痰喘用之皆有良效，如常配雄黄、冰片、黄芩、硼砂等疗禽慢性呼吸病。

（2）清热解毒：配黄连、连翘、金银花、生石膏、穿心莲、板蓝根等疗非典型鸡新城疫；配黄连、黄芩、人工牛黄、蛇床子组成广谱抗毒剂用以疗鸡的喉气、传染性支气管炎。

(3) 活血通络，祛风消斑：本品既能清热解毒，利水消肿，又能活血通络，祛风止痒，故能疗皮肤湿疹，内服配合外用，疗效尤佳，有“一剂知，二剂已”之捷效。

[主要成分] 蟾毒配基类（如强心的甾体类）、蟾蜍毒素类、蟾蜍色胺类等。

[药理作用] 强心利尿、兴奋呼吸、祛痰镇咳、局部麻醉止痛、抗炎、抗癌。

[用量] 干蟾：鸡 0.1g；猪：1～10g。蟾酥：兔、禽 5～10mg；猪 30～60mg。

【附】 蟾酥：是蟾蜍耳后腮腺和皮肤腺分泌的白色浆液的加工物。功效与干蟾相似，只是开窍醒脑作用明显，如配麝香、雄黄疗猝然昏倒。

贯众

贯众为鳞毛蕨科多年生草本植物贯众的干燥根茎及叶柄残基。生用或炒炭用。

[性味归经] 苦，寒。归肝、胃经，有小毒。

[功效] 清热解毒，杀虫。

[应用]

(1) 清热解毒：贯众被誉为“化毒之仙丹”，毒未至能预防，毒已至可善解，毒已成可速祛。可用于温热病各个阶段，特别是用于瘟疫治疗，如常配板蓝根、大青叶、金银花、连翘，防治猪、禽流感。

(2) 凉血止血：贯众炭多与海螵蛸配伍疗产后子宫出血。

(3) 杀虫：主杀绦虫、蛲虫、钩虫。

[主要成分] 绵马酸类、三萜类化合物、鞣质、挥发油、黄酮类等。

[药理作用] 抗菌（金黄色葡萄球菌、大肠杆菌）、抗病毒（流感病毒、水痘疱疹病毒等）、抗肿瘤、止血、收缩子宫。

[用量] 牛、马 30~90g；猪、羊：3~10g；禽、兔：0.3~1g。

（四）清热凉血药

本类药物主入血分，清热凉血。温病邪入营血，最易耗血动血，迫血妄行，患病畜禽临床多见脉象细数，舌绛无苔，斑疹出现，便血，尿血，胸腿肌出血，狂躁不安。此类药物药性寒凉，易伤脾胃，脾胃虚弱者慎用。

生地黄

生地黄又称为生地，为玄参科多年生草本植物地黄的干燥根。河南沁阳产者良。晒干生用。

[性味归经] 甘、苦，寒。归心、肝、肾经。

[功效] 清热凉血，养阴生津。

[应用]

（1）清热凉血：本品气寒清热泻火，入心经，清血分之热，是临床上最常用的清热凉血药。常用于疗温病营、血分证和杂病血热妄行。邪热入营，斑疹隐现，出血不十分明显，治宜清热凉血、养阴生津，生地黄为常用之品，如清营汤；热入血分，见舌绛无苔，夜热尤甚，斑疹片片，便血、衄血，生地黄能清热凉血，止血养阴，亦为常用之品，如解毒（犀角）地黄汤；杂病血热妄行引起的各种出血，也常选用生地黄。

（2）养阴生津：生地黄养阴非常广泛，养胃阴，生津止渴；益肾水养肾阴，疗虚热内生出现的干咳、盗汗，如大补阴丸（知母、黄柏、龟板、生地黄）；养心阴，疗狂躁不安，如天王补心丹（人参、玄参、丹参、茯神、五味子、远志、桔梗、当归、天冬、麦冬、生地黄、枣仁、柏子仁）；养肺阴，疗阴虚燥咳，如百合固金汤（生地黄、熟地黄、麦冬、贝母、百合、当归、白芍、甘草、玄参、桔梗）。所以说生地黄能养“五脏六腑之阴”。

(3) 止血：生地黄既能直接止血，又能间接止血，血分热盛，耗血动血所致之吐血、衄血，生地黄必用。

(4) 生地黄能与多种药协同，例如，生地黄配麦冬清火润肺，配天冬降火滋肾，配玄参清热解毒、配水牛角凉血化斑，配龙骨、牡蛎凉血软坚。

[主要成分] 环烯醚萜类（梓醇）。

[药理作用] 增加心肌血流量、抗炎、增强免疫功能。

[用量] 牛、马：30～60g；猪、羊：6～15g；禽、兔：1.0～2.0g。

【附】 生地黄宜久煎，因生地黄含有致泻成分梓醇，对体虚者可导致“虚、虚”之弊，久煎梓醇被破坏，消除其副作用且又增强了滋阴之力。

玄参

玄参又称元参，为玄参科多年生草本植物玄参的根。根似参形，色玄黑故名。晒干生用。

[性味归经] 甘、苦、咸，寒。归肺、胃、肾经。

[功效] 清热养阴，解毒散结。

[应用]

(1) 清热凉血：清热凉血功似生地黄，常用于温病营、血分证，特别是心热炽盛，如清宫汤（玄参心、莲子心、竹叶卷心、连心麦冬、连翘心、犀角尖）。因无止血作用，疗杂病血热妄行之出血，不如生地黄。

(2) 疗咽喉肿痛：玄参能清热解毒，疗咽喉肿痛不分虚实。热毒炽盛所致咽喉肿痛，常配板蓝根、牛蒡子治疗；外感风热所致咽喉疼痛常配荆芥、薄荷治疗；肾水受损，真阴失守，孤阳无根，相火上窜，发为虚火，所致咽喉肿痛，因玄参滋阴降火，“水生火自灭”“阳得阴而归”，玄参亦为必选之品，故有“虚火上炎必用玄参”之说。

(3) 解毒散结：因其味咸，故能软坚散结，治疗瘰疬疮肿。

[主要成分]　苯丙素苷类、环烯醚萜苷类（梓醇)、总黄酮类。

[药理作用]　解热、抗炎、抗血栓、改善微循环、增加冠状动脉血量，抗心肌缺血、保肝、增强免疫、抗氧化等。

[用量]　牛、马：20~45g；猪、羊；6~12g；禽、兔：1.2~3g。

【附】　①生地黄、玄参都能清热凉血，常相须用于温病营、血分证。因生地黄能止血（玄参无止血作用)，多用于杂病血热妄行之出血，而玄参能降火，虚火亢旺常用。②生地黄、玄参都补五脏之阴，生地黄偏于养阴生津；玄参类似知母，偏于降火坚阴，疗虚火常用。

牡丹皮

牡丹皮为毛茛科灌木牡丹之根皮。刮去外面老皮称粉丹皮。晒干生用。

[性味归经]　苦、辛，微寒。归心、肝、肾经。

[功效]　清热凉血，活血化瘀。

[应用]

(1) 活血化瘀：本品味辛而苦，能行能泻，故可散瘀血之结聚，行经络之瘀阻，血因热而瘀用之最宜。牡丹皮性仅为微寒，又有辛通之性，血因寒而凝亦可使用。常用于恶血积聚，跌打损伤，经闭血滞。

(2) 清热凉血：本品辛寒，入心肝二经血分，辛能行血，行而不散，寒能凉血，寒而不凝，故为凉血药中上品，能清血分之实热。本品又活血化瘀，所以在温病治疗中，主用于热入血分之证。

(3) 退虚热：牡丹皮有凉相火之神功，常用于阴虚发热、无汗骨蒸。

[主要成分]　牡丹皮酚及其苷类、芍药苷、挥发油、甾醇等。

[药理作用]　抗菌，如对金黄色葡萄球菌、大肠杆菌、伤寒杆菌、绿脓杆菌、肺炎球菌等有很强抑制作用，保肝作用，镇静抗惊厥，退热作用，增强免疫作用。

[用量]　牛、马：15~20g；猪、羊：3~9g；禽、兔：1.2~2.1g。

【附】　牡丹皮、桂枝皆能行血，但桂枝气温，行血中之寒滞；牡丹皮气寒，行血中之热结。

赤芍

赤芍为毛茛科多年生草本植物芍药之根。栽培品种之大根，煮熟晒干用为白芍。小根和多数野生芍药之根为赤芍，生用。

[性味归经]　苦，微寒。归心、心包、胆经。

[功效]　清热凉血，祛瘀止痛。

[应用]

(1) 清热凉血：本品苦，微寒，入血分，所以能清血分之热而凉血，为药性最良佳之清热凉血药。症见身热夜甚，舌绛无苔，斑疹紫暗及血热妄行所致之便血、尿血等各类出血，本品必选。

(2) 活血化瘀、止痛：本品可入血而活滞，常配桃仁、红花、当归、没药等治血瘀作痛及疮痈初起。

(3) 清热凉肝：本品入肝经，可清热凉肝，常配菊花、夏枯草、决明子、密蒙花治肝热所致之目赤肿痛。

(4) 赤芍与多种药物配伍，药效均可协同，如配牡丹皮凉血活血，配丹参活血通经，配大黄泄热逐瘀，配枳实活血行气，配归尾化瘀止痛，配川芎行气破滞，配香附行气止痛，配黄芩清肝利胆等。

[主要成分]　主含单萜苷类（芍药苷、芍药内酯苷、羟基

芍药苷等）。其他包括黄酮类、三萜类、环烯醚萜等。

［药理作用］ 抗血栓，抗血凝，抗内毒素，改善微循环，抗心、脑、肾缺血性损伤，保护肝脏。

［用量］ 牛、马：20~45g；猪、羊：9~15g；禽、兔：1~2g。

水牛角

水牛角为牛科动物水牛之角。切片生用。需先煎、久煎。

［性味归经］ 咸，寒。归心、肝、胃经。

［功效］ 凉血止血，清心安神，泻火解毒。

［应用］

（1）清热泻火：本品功似犀角，清热泻火力强，温热病病在气分，壮热不退，水牛角清气退热。同时也能清脏腑气分热，如心热、肝热。

（2）清热凉血：本品清热解毒，又凉血止血，高热不退、冠髯发绀、皮肤出血斑点、吐血、衄血的温病营血分证，水牛角亦为必用之品。临床上常与生地黄、牡丹皮、赤芍配伍，如犀角地黄汤。亦常用于杂病血热妄行引起的吐血、衄血。

（3）清热解毒：热毒炽盛所致咽喉肿痛、疮痈肿毒。

总之，水牛角能清热、凉血，止血、泻火、解毒，而用于温病各个阶段，又能清脏腑热，尤以心热和肝热。心热内盛所致之抽搐惊狂，热邪上攻所致之咽喉肿痛，热毒结聚之疮痈，水牛角能清热解毒而常用。

［主要成分］ 碳酸钙、磷酸钙等。

［药理作用］ 似犀角，有强心和促使淋巴组织增生之作用。

［用量］ 牛、马：20~45g；猪、羊：6~12g；禽、兔：2~5g。

【附】 犀角为珍贵的清热凉血药，因犀牛属珍稀动物，现多用水牛角代，水牛角用量要大，一般是犀角的10倍量。

地骨皮

地骨皮为茄科落叶灌木枸杞干燥根皮（果为枸杞子）。晒干，生用。

[性味归经]　甘、淡，寒。归肺、肾经。

[功效]　凉血退蒸，清泄肺热。

[应用]

(1) 清热凉血：本品味甘、淡，气寒，淡寒清热泻火，甘寒滋阴降火，入血分故能清热凉血，主用于血热妄行引起的尿血、衄血。

(2) 清肺热疗咳喘：常与桑白皮配伍疗肺热咳嗽，如泻白散（地骨皮、桑白皮、甘草、粳米）。

(3) 退虚热：疗阴虚发热，退有汗骨蒸。

[主要成分]　黄酮类、有机酸及其酯类（亚油酸、月桂酸、棕榈酸）、生物碱类（酚酰胺化合物、环肽化合物、胆碱、甜菜碱）、蒽醌类、木脂素、甾醇类。

[药理作用]　解热、降压、降血脂、降血糖、抑菌（溶血性链球菌、肺炎双球菌）、免疫调节。

[用量]　牛、马：20~45g；猪、羊：6~12g；禽、兔：1~2g。

白头翁

白头翁为毛茛科多年生草本植物白头翁干燥根。晒干，生用。

[性味、归经]　苦，寒。归大肠经。

[功效]　清热解毒，凉血疗痢。

[应用]

(1) 本品能清热解毒，又入血分而凉血，故为清大肠血热，疗肠癀血痢主药。如白头翁汤。

(2) 杀灭原虫：主用于治疗畜禽球虫病、附红细胞体原虫病和鸡住白细胞原虫病。

[主要成分] 白头翁总皂苷。

[药理作用] 具有抗病原微生物（对金色黄葡萄球菌、大肠杆菌、痢疾杆菌、绿脓杆菌、乙肝病毒、原虫等有抑制作用）、抗炎、止泻、增强免疫、抗氧化、保肝等作用。

[用量] 牛、马：20~45g；猪、羊：6~12g；禽、兔：1.5~3g。

【附】 黄连、白头翁均治痢，黄连主治菌痢（湿热痢）；白头翁主治原虫痢（热毒血痢），也可用于菌痢。

紫草

紫草为紫草科多年生草本植物紫草干燥根。东北产名硬紫草，内蒙古产名黄紫草亦属硬紫草，新疆产名软紫草。晒干生用。

[性味归经] 甘，寒。归心、肝经。

[功效] 凉血活血，解毒透疹。

[应用]

(1) 解毒透疹，凉血活血：紫草苦寒，入心、肝经，走血分，有清滋之力，故能解毒透疹，凉血活血。血热毒盛，瘀滞于内，疹色不活，疹透不畅时用之。如配赤芍、蝉衣、葛根、大青叶、当归、连翘、黄连疗猪痘；配柴胡、龙胆草、枯矾、板蓝根、葛根疗鸡痘；配紫花地丁、丹参、蛇床子煎液外洗疗皮肤湿疹。

(2) 利尿清肠：与清热解毒药配伍，疗血热毒甚之尿淋或大便秘结。

[主要成分] 紫草萘醌类。

[药理作用] 本品具有抗菌（对金黄色葡萄球菌、绿脓杆菌、大肠杆菌、伤寒杆菌、链球菌等有抑制作用）、解热保肝、抗炎抗过敏、免疫调节作用。

［用量］ 牛、马：15~30g；猪、羊：3~9g；禽、兔：0.5~1.5g。

（五）清热解暑药

专以清解暑邪为主要作用之药物，叫清热解暑药。暑为热邪，其性升散，最易伤津耗气，所以暑病除发热汗出，烦渴贪饮外，还多见心烦、脉虚、舌燥。暑多见挟湿，凡挟湿者必见倦怠嗜卧，食欲减退。故清暑药常与益气生津或化湿药配伍使用。

香薷

香薷为唇形科一年生草本植物香薷之干燥全草。生用。

［性味归经］ 辛，微温。归肺、胃经。

［功效］ 发汗解表，化湿，利水。

［应用］

(1) 发表解暑，化湿和中：本品辛而微温，入肺经，故能发表解暑。夏月暑天，饮冷受凉，阳气被阴邪所遏，出现头痛发热，恶寒无汗，烦躁口渴，或吐或泻之症，香薷能发越阳气，用之最佳，为暑病常选之品，故有“夏月用香薷，如冬月用麻黄”之说。夏天感受暑湿之邪，既有外感，又有湿阻中焦，症见发热恶寒，舌苔滑腻，四肢困重等，常用香薷配荷叶、陈皮、薄荷（方名香荷饮），发散表邪，和中化湿治疗。

(2) 利湿行水：用于水肿或排尿不利。常配茯苓、白术等。

［主要成分］ 黄酮类、香豆素类、木脂素类、萜类、脂肪酸、挥发油。

［药理作用］ 抗菌（对沙门杆菌、大肠杆菌、志贺杆菌、金黄色葡萄球菌等有抗菌活性）、镇痛解痉、解热抗炎、增强免疫功能等。

［用量］ 牛、马：15~45g；猪、羊：3~12g；禽、兔：1~2g。

荷叶

荷叶为睡莲科多年生水生草本植物莲的干燥叶。生或煨焦用。

[性味归经] 苦，平。归肝、脾、胃经。

[功效] 清热解暑，升发清阳。

[应用]

(1) 清热解暑：本品味苦性平，体轻升发，新鲜者最善清暑邪。配佩兰、藿香疗暑热烦渴；配白扁豆、白术疗暑湿泄泻。

(2) 升发脾阳：本品入脾胃经，其气清芳，升发清气，可疗脾胃虚弱清气不升和脾气下陷之证。

(3) 凉血止血：炒炭能收涩化瘀止血，可用于疗便血、衄血等多种出血证。

[主要成分] 生物碱、黄酮类、挥发油、皂苷、甾体类等。

[药理作用] 抗氧化、消除自由基、抗菌（对大肠杆菌、金黄色葡萄球菌有抗菌活性）。

[用量] 牛、马：30~90g；猪、羊：12~18g；禽、兔：0.5~1.5g。

白扁豆

白扁豆为蝶形花科草本植物扁豆之成熟种子。生用或炒用。

[性味归经] 甘，微温。归脾、胃经。

[功效] 消暑化湿，和中健脾。

[应用]

(1) 消暑化湿：本品甘而微温，入脾胃经，有健脾化湿消暑之功，常配荷叶、白术、苍术疗暑湿泄泻。

(2) 和中健脾：常配白术、茯苓、山药疗脾虚作泻。

[主要成分] 含多种营养成分，如铁、锌、维生素 B_1、维生素 B_2、蛋白质、脂肪、白扁豆多糖、白扁豆磷脂等。

[药理作用] 补养。

[用量] 牛、马：20~45g；猪、羊：6~12g；禽、兔：1.5~3.0g。

青蒿

青蒿为菊科二年生草本植物青蒿和黄花蒿的干燥茎叶。鲜或阴干用。

[性味归经] 苦、辛，微寒。归脾、肝经。

[功效] 清热解暑，退虚热。

[应用]

(1) 清热解暑：本品苦寒，但苦而不伤脾胃之阳，寒而不碍湿，且芳香能化湿，味辛质轻能透邪，故为清暑要药。解暑涤热之功优于藿香、佩兰。苦寒清热之力虽次于黄芩、黄连，但不伤阳气。温热病无论病位在卫、气、营、血，只要配伍得当，均可相机应用。

如青蒿、香薷、金银花、连翘、滑石、苍术配伍，组成经验方清暑散，主疗暑热兼有表证。青蒿、香薷清暑为君，香薷又兼解表但其性偏温，而青蒿苦寒可制之，金银花、连翘清热为臣，因暑必挟湿，再以滑石、苍术除湿为佐使，诸药相伍，解暑、清热、化湿，暑热兼有表证，用之可获捷效。

又如青蒿、栀子、金银花、连翘、荷叶、滑石配伍，组成疗暑温证方。青蒿芳香能升能降，既可透邪外达，又可泄浊于内，栀子清泄三焦之热，导热下行，共为君药；金银花、连翘、荷叶，清热解暑为臣；滑石利湿为佐使，数味相伍清暑热，化湿浊。症见身热有汗不解，口渴尿黄，恶心呕吐，舌红、苔黄，脉数而濡之暑温证，可放胆用之。

(2) 退虚热：配秦艽、地骨皮、鳖甲、牡丹皮、知母疗夜热早凉之温病邪伏阴分；配伍养阴药又可疗阴虚内热。

(3) 抗原虫：如住白细胞原虫、球虫。青蒿配常山、苦参、柴胡、地榆炭、白茅根，制成粉剂，每只成鸡每天1.5~2g，连用 5~8 天，或制成口服液，每只成鸡首次内服剂量相当于 5~7g 生药，疗鸡球虫，有捷效。

［主要成分］ 生物碱、挥发油（青蒿素）、苦味质等。

［药理作用］ 抗皮肤真菌、抗原虫。

［用量］ 牛、马：20~45g；猪、羊：6~12g；禽、兔：1~2g。

三、补养药

补，补其不足；养，养其生气。凡能补益畜禽气、血、阴、阳之不足，治疗各种虚证的药物称为补养药。以其作用可分补气、补血、养阴、助阳四类。

补益之剂因虚而用，虽能扶正，但多有留邪之弊，不可过早使用，邪未尽而必须使用时，要扶正祛邪；补虚时易出现虚不受补，造成补而生瘀，所以一定要配伍理气、活血之味，血活不滞，气通为补。一些补药性过滋腻，易伤脾阳，一些又性温偏热易伤胃阴，所以用时要注意脾胃功能。

（一）补气药

凡能补益脾气、肺气、心气，消除或改善气虚证之药物，称补气药。补气药多味甘、性温或平，主入脾、肺经，具有补脾气、益肺气、养心气之功，主用于脾、肺、心气虚之证。患气虚畜禽多见口淡无苔，咀嚼无力，脉象细弱，冠髯色淡，心悸虚汗，咳声乏力，动则气喘，大便溏薄。

黄芪

黄芪为多年生豆科植物黄芪之根。“耆（芪）者长也”，黄芪为补气药之长，其色发黄，故名黄芪。内蒙古产为口芪，辽宁法库产为箭芪，山西沁州产为绵芪。生用或蜜炙用。

［性味归经］ 甘，微温。归脾、肺经。

[功效] 益气固表，补气升阳，托疮生肌，利水退肿。

[应用]

(1) 生用固表止汗（补中固表）：脾气虚弱，土不生金，肺气先伤，卫阳失固，故自汗。黄芪甘温，补中益气，温脾和中而固表。表虚自汗，芪以为神剂，如玉屏风散（黄芪、白术、防风）。黄芪不但疗自汗，还可与气味咸寒，敛阴潜阳，收涩敛汗的牡蛎、龙骨等配伍，实卫固营，益气固表，而治盗汗。

(2) 生用托疮生肌：久不破溃或溃久不敛，肿而不红或漫肿无边，脓水稀薄（形不成肉芽）之疮疡，为正气虚弱所致，必用黄芪。芪补脾气助生机，气旺生血，血足肉长，使毒气化为脓，即扶正可拔毒排脓，促进肉芽形成。临床上黄芪常与软坚散结、通透溃脓的穿山甲、皂刺等配伍托毒透脓。

(3) 炙用补气生阳：本品质轻升发，味甘性温，故能振奋脾阳，提升中气。脾虚食少，脾虚作泻，脾虚气短，中气虚陷之证亦是必选之品，如与升麻、柴胡等配伍组成补中益气汤；疗脾胃气虚、中气下陷；与羌活、独活等配伍组成升阳益胃汤，可治牛脾阳不振型前胃弛缓；与性善走窜，长于通经活络的地龙、僵蚕等配伍，可疗正气虚亏所致的颜面神经麻痹。

(4) 退虚热、益汗源：中阳失健，化源枯竭，阴不敛阳，浮阳外越所致之气虚发热，多用黄芪。故黄芪又为泻火之圣剂，即“甘温除热”。气血不足，汗源枯竭，发汗反见无汗时，黄芪能补益汗源。故黄芪有“无汗能发”之功。

(5) 黄芪添加猪、鸡饲料中作为保健促生长剂，在畜牧业上应用广泛。如黄芪配党参、麦芽、神曲、山楂、槟榔、甘草，用于促进肉鸡增重；配何首乌、麦芽、贯众用于猪的增重和保健。

(6) 黄芪之提取物黄芪多糖是畜牧业上用之最广的活性成分，作为猪、禽饲料添加剂以提高其免疫力；制成注射剂用以治疗畜禽病毒感染。

[主要成分]　多糖、黄芪苷、γ-氨基丁酸、异黄酮、多肽。

[药理作用]　抗疲劳、抗缺氧、改善微循环、保护心脏、增强机体免疫力、提高机体抗应激力、利尿等。

[用量]　牛、马：20~60g；猪、羊：10~20g；禽、兔：1~2g。

人参

人参为五加科多年生草本植物人参之根。人参其性中和，不寒不燥，气冠群草，能回元阳于垂绝，却虚邪于俄顷，补虚之功盖天地，有“参”天之功，其形似人故名“人参”。根据人参的产地不同，可分为“四大家族”，即我国的“吉林参”、朝鲜的“高丽参”、日本的“东洋参”、加拿大和美国的“西洋参”(又名花旗参)。按其加工方法不同，又可分为生晒参、红参、白参等。它们虽然都有补气的功效，但又各有偏重。

[性味归经]　甘、微苦，平。归脾、肺、心经。

[功效]　大补元气，补脾益肺，生津，安神。

[应用]

(1) 大补元气，抢救虚脱：大出血、大吐、大泻之暴病或久病导致气虚至极，见虚汗不止，脉微欲绝，四肢厥逆（四肢发凉至肘、跗关节以上)，神昏似睡，元阳欲脱之象，必急用人参汤剂抢救，如独参汤。

(2) 补脾益气：本品甘平，入脾经，能鼓舞脾胃之阳气，气壮胃自开，气和食自化，故被医家誉为“补阳气之君药，开脾胃之神品”，如四君子汤。

(3) 扶正祛邪，领邪外出：寒邪客表，治必汗之，体弱之畜，药虽行外，但气从中陷，邪不但不随汗而解，反深陷于内，使病情恶化，参能扶正祛邪，领邪外出，防邪内陷。

(4) 宁智安神，生津：本品益气、养血，守神归舍。主用于自汗不止、烦躁不安及热病伤津，如生脉散（人参、麦冬、五味子）。

[主要成分]　人参皂苷（现多从人参茎叶中提取）、挥发油、脂肪酸、甾醇等。

[药理作用]　强身健体，促生长，活化淋巴细胞，增强免疫等。

[用量]　牛、马 20~60g；猪、羊：10~20g；禽、兔：0.5~1g。

【附 1】

(1) 生晒参：将人参洗净用硫黄熏后晒干而成。性较平和，不温不燥，既可补气，又可生津。适用于气虚兼有阴津不足者。

(2) 红参：将人参蒸熟后晒干即成，补中带有温燥之性，长于振奋阳气，用于回阳兼气虚及阳虚。

(3) 白参：将人参用糖汁浸渍而成，又称糖参。其性平和，效力较差，用于健脾益肺。

(4) 西洋参：主产于美国、加拿大，补气似人参，但力弱于人参，特别是救脱。西洋参性寒，为清补之品，补气养阴，清火生津，多用于气阴两伤，气虚兼有热者用之最宜，如肺、心阴虚。脾气虚者少用。

【附 2】　太子参（孩儿参）：为石竹科多年生草本植物太子参之干燥块根。

[性味归经]　甘，微苦，平。归脾、肺经。

[功效]　补气，生津。

[应用]　太子参性较柔润，气阴双补，作用平和，主用于病后体虚少津，阴虚血热之体。太子参为补气药中一味清补之品，益气生津，补益肺、脾，功似人参，但力弱于人参。如脾胃虚弱，胃阴不足，热盛伤津，可与党参、山药、玉竹合用；气阴不足，自汗口渴，可与黄芪、五味子合用；阴虚肺燥，咳嗽痰

少，可与沙参、麦冬合用。

[用量]　牛、马：30～60g；猪、羊：10～20g；禽、兔：0.5～1.5g。

党参

党参为桔梗科多年生草本植物党参的干燥根。原产于山西上党（长治），故名党参。

[性味归经]　甘，平。归脾、肺经。

[功效]　补中益气。

[应用]

(1) 补脾益气：味甘而平，入脾经，能鼓舞脾胃之阳气，疗脾胃虚弱引起的食欲减退，脾虚作泻及中气虚陷导致的脱垂证。如党参配白术、麦芽、神曲、枳壳可治鸡脾虚泻下，以及作猪的促生长饲料添加剂。

(2) 补肺生津：疗脾、肺两虚所致之肺燥咳喘，如配麦冬、五味子、生地黄疗肺虚气短。亦用于脾虚津液不能上承引起的气虚口渴。经云："党参健脾运而不燥，滋胃阴而不湿，润肺不犯寒凉，养血不偏滋腻，鼓舞清阳，振奋中气，而无刚燥之弊。"党参功同人参，只是力量较弱。

[主要成分]　糖类（多糖、果糖、菊糖等）、甾醇、三萜类、氨基酸等、维生素 B_1 和维生素 B_2、皂苷、蛋白质。

[药理作用]　抗衰老、抗氧化作用；增强网状内皮系统之功能，特别与黄芪、灵芝配伍作用更强；能使畜禽红细胞数和血红蛋白量显著增加，补血作用显著；有抗疲劳、抗高温、强心作用；能调节胃肠功能。

[用量]　牛、马：20～60g；猪、羊：10～20g；禽、兔：0.5～1.5g。

【附】　①参、芪皆补气之品，而参补气兼养阴，守而不走，偏于补脾益气生津，无固表之功。芪补气兼扶阳，走而不守，偏于升补脾气，益肺固表，无生津之力。②党参无补元气之功、补心肾之力，不能代人参；补脾肺之气、生津止渴，扶正祛邪可代人参。

白术

白术为菊科多年生草本植物白术之根。产于浙江於潜者良，故又名于术。

[性味归经]　苦、甘，温。归脾、胃经。

[功效]　补脾益气，燥湿利水，固表止汗。

[应用]

(1) 补脾益气：本品甘温益脾之阳，苦温燥脾之湿，脾阳健运，新谷善纳，宿谷善消，痰水易化，急满易除。故白术为补脾第一要药。多用于脾不健运、脾虚作泻。

(2) 燥湿利水：本品味甘、苦能补脾燥湿，"土旺能胜湿，气足无顽麻"。白术疗水肿虚实皆可，利水而不伤正，常用于疗脾虚水肿、妊娠浮肿、风湿痹痛，如白术散（白术加五皮饮）。

(3) 安胎：胎需血养，血源于中焦。脾失运化，胃失和降，即见胎动不安。白术健脾益气生血，和中安胎。如保胎无忧散，由白术、菟丝子、茯苓、熟地黄、黄芩、黄柏、白芍、黄芪、山药、续断、甘草、桑寄生、阿胶配伍而成，健脾补肾，益气养血，安胎元，常用于猪、牛、马的保胎。

(4) 固表止汗：白术补气固表止汗，但其力弱于黄芪，常辅助黄芪疗表虚自汗，如玉屏风散（黄芪、白术、防风）。

[主要成分]　挥发油（苍术酮、苍术醇）、多糖、内酯类。

[药理作用]　具有抗衰老、免疫增强作用，安胎、降血糖、对植物神经双向调节作用。

[用量]　牛、马：20~60g；猪、羊：10~15g；禽、兔：1~2g。

【附】 ①补脾健胃用炒白术；健脾止泻用焦白术；燥湿利

水，固表止汗用生白术。②党参：偏补脾、肺之气，补虚，生津。白术：偏于健脾，补中焦之气，生气血以治虚弱。③白术、苍术都健脾燥湿，而白术主为健脾，多用于虚证，苍术主为燥湿，多用于实证。白术固表止汗，苍术解表发汗。

山药

山药为薯蓣科多年生草本植物薯蓣之根。产于河南怀庆府（今焦作沁阳一带）者良，故又称怀山药。生用或炒用。

[性味归经] 甘，平。归脾、肺、肾经。

[功效] 气阴双补，脾、肺、肾兼治。

[应用]

(1) 平补脾胃：本品气味甘平，为气阴双补之品，入脾、胃经，补而不骤，微香不燥，秉性平和，补脾阳无白术之苦燥，养胃阴无地黄之腻滞，平补脾胃，药食两用。脾阳虚，胃阴虚皆可应用。如山药常配党参、白术、茯苓、陈皮、炒谷芽、疗脾虚泄泻。据报道，山药、何首乌、白术、萆薢配伍，制成粉剂，1%比例拌料，连用2周，疗僵猪有效。

(2) 益肺、强肾固精：本品入脾、肺、肾经，能培土生金，益肺气养肺阴，常配沙参、麦冬、五味子疗肺虚久咳。因金水相生，且山药又有涩性，所以山药又能强肾固精，常用于肾虚滑精，肾虚遗尿。如配覆盆子、益智仁、桑螵蛸、山茱萸疗肾虚尿频、遗尿。总之，本品上补肺金而止咳，下补肾命而止遗，中补脾土而止泻。

[主要成分] 皂苷、胆碱、黏液质、淀粉、多种氨基酸、黏蛋白、淀粉酶、腺苷、尿囊素、尿嘧啶。

[药理作用] 山药含大量黏液蛋白（多糖、蛋白质混合物），黏蛋白可水解为蛋白质和碳水化合物有滋养作用；黏蛋白能与无机盐结合成骨质，使软骨有一定弹性；黏蛋白可预防心血管系统脂肪沉积，保持血管弹性，防动脉硬化。山药还含有消化

酶，促进蛋白和淀粉分解，助消化，调整胃肠功能，预防消化不良性腹泻。

［用量］ 牛、马：30～60g；猪、羊：10～30g；禽、兔：1.5～3g。

五味子

五味子为木兰科藤本植物五味子的果实。因果肉酸甘，果核仁苦辛，全果咸，五味俱全故名五味子。产于北方称北五味，为正品；产于西南和长江流域称南五味。生用或经醋、蜜拌蒸，晒干用。

［性味归经］ 酸，温。归肺、肾、心经。

［功效］ 滋肾敛肺，益气生津，涩精敛汗，止泻。

［应用］

(1) 补气良品：①本品味酸涩，性沉降，入肺经，能补肺敛肺，故常用于疗肺虚久咳气喘；五味子又有祛痰之功，所以，非虚证咳喘，如外感咳喘，五味子也可选用，如疗外感痰喘的小清龙汤。②本品补心气而敛汗，既能配补气药疗自汗，配养阴药疗盗汗；又能补心气，安心神，疗惊恐不安。如安心宁神方天王补心丹。③本品能补脾气，疗久泻不止，如疗脾肾虚泻的四神丸(吴茱萸、五味子、肉豆蔻、补骨脂)。又能补脾气益气生津，疗脾气虚亏，津液不能上承出现的口渴（渴而不多饮)，即补脾生津。

(2) 收敛固涩：本品酸、咸，能固涩肾精，摄纳肾气。肺肾两虚之虚喘，常与干姜配伍治疗，有“五味无干姜，肺肾之气不能纳降”之说，所以，肾失摄纳之喘，五味亦多选用，如都气丸（六味地黄丸+五味子)。肾虚精关不固的滑精；肾虚开合失权之尿频，五味子都是必选取品。

［主要成分］ 含五味子素、柠檬酸、苹果酸、酒石酸、挥发油、维生素 C、糖类。

［药理作用］　镇静催眠、保护神经细胞、改善记忆、保护心脏（降低心肌能量消耗，减少心肌缺血）、保护肝脏、抗氧化、抗衰老、增强免疫。

［用量］　牛、马：30～60g；猪、羊：10～20g；禽、兔：0.5～1.5g。

甘草

甘草为蝶形科多年生草本植物甘草的干燥根。去皮称粉甘草，味极甜而得名。生用或蜜炙用。

［性味归经］ 甘，平。归心、肺、脾、胃经。

［功效］ 益气补中，清热解毒，缓急止痛，缓和药性。

［应用］

（1）补脾益气：本品味甘色黄入脾，炙后气温，可补脾气之不足，常用于脾虚胃弱患畜。

（2）清热解毒：生用气寒，泻火解毒。常配金银花、紫花地丁、蒲公英、赤芍等，疗疮癀肿毒。

（3）润肺止咳：在寒热咳嗽中因味甘能缓，能使症状趋于和缓，故广泛用于治咳方中，寒热虚实皆可选用，如疗表寒方麻黄汤与疗表热方桑菊饮，均有甘草。

（4）缓急止痛：本品甘缓，可疗痉挛性疼痛，如芍药甘草汤（白芍、甘草）。

（5）调和诸药：甘草得中和之性，具调和诸药之功。毒药得之制其毒，刚药得之和其性，补药得之补而不峻，泻药得之泻而不猛，热药得之缓其热，寒药得之缓其寒，寒热相杂得其平，协和群药，使之和谐而无相争之弊，为药中“良相”。如调胃承气汤（大黄、芒硝、甘草），附子理中汤（附子、人参、白术、干姜、甘草）。

［主要成分］　甘草甜素、甘草苷、β-固甾醇、葡萄糖、蔗糖。

［药理作用］ 解毒、抗利尿、镇咳、抗炎。

［用量］ 牛、马：20～60g；猪、羊：10～15g；禽、兔：0.5～3g。

（二）补血药

凡能改善或消除血虚证的药物称补血药。补血药多味甘，性温或平，主入心、肝、脾经。血虚与心、肝、脾密切相关，治疗时以滋养生血，补心、肝，调节心、肝两经功能为主，辅以健脾。患血虚证畜禽多见口淡无华，冠髯苍白，目昏睛暗，心悸脉细。血虚与阴虚往往在病机上可互为因果，证候方面也可同时出现，故血虚兼有阴虚的，要注意配补阴药。气与血是互根的，所以兼有气虚时要适当配伍补气药，可收"补气生血"的效果。补血药性多滋腻，妨碍消化，故对湿滞中焦，食少便溏畜禽不宜应用。

当归

当归为伞形科多年生草本植物当归的根。本品血滞能通，血虚能补，血枯能润，血乱能扶，使血不致散乱而无所归，故名当归，为血家必用之品。甘肃岷县（古称秦州）产者良，故又名秦归。生用或酒炒用。

［性味归经］ 甘、辛，温。归肝、心、脾经。

［功效］ 补血活血，止痛，润肠通便。

［应用］

（1）温补肝血：本品辛、甘、温，入肝、心经，所以能大补肝血、心血，常用于血虚体弱及产后出血过多等。如当归补血汤（黄芪、当归）、四物汤。

（2）活血止痛：本品辛、甘，所以不但能补血，又有活血之功，为血中之气药。常用于活血通络，消肿止痛，为妇科要药。如产后瘀血作痛常用的生化汤。疮痈肿痛、跌打损伤，风湿痹痛，当归活血止痛，也均为常用之品。

(3) 增蛋要药：当归配淫羊藿、黄芪、蛇床子、刺五加、艾叶、牛膝、甘草、连翘，能补血调经，补肾助阳，用于产蛋鸡增蛋有良效。

(4) 润肠通便：疗阴血亏虚性肠燥便秘。

[主要成分] 挥发油（藁本内酯）、多糖、有机酸（阿魏酸、棕榈酸）黄酮类、香豆素类等。

[药理作用] 抗血栓形成、促进造血作用、免疫增强作用、调控和改善心血管功能、消除自由基和脂质过氧化物、抗炎镇痛、对子宫双向调节作用、抗衰老、保护肝肾。

[用量] 牛、马：15~60g；猪、羊：10~15g；禽、兔：1~2g。

【附】 当归为血分要药，但部位不同药性有别：归头上行止血，归身养血守中，归尾破血下流，全归活血不守。

白芍

白芍为毛茛科多年生草本植物芍药栽培品种的根，去皮略煮，晒干用、炒或酒炒用。安徽亳州产者良。

[性味归经] 苦、酸，微寒。归肝经。

[功效] 养血敛阴，柔肝止痛，平抑肝阳。

[应用]

(1) 柔肝定痛：白芍苦、酸而寒，入肝经，故能收敛肝气，益阴养血，柔肝定痛。有白芍“敛肝阴定甲乙之横逆”说。肝柔脾胃自安，故常配白术、陈皮、防风疗肝旺脾虚、肝气横逆所致之慢性腹痛、泄泻；配柴胡、当归、枳壳疗血虚肝郁引起的胸胁疼痛。

(2) 养血敛阴：本品收敛肝气，故益气养血。疗血虚之证，不论寒热，适当加减均可应用。如配桂枝和营敛阴，治营卫不和引起的表虚自汗。配木瓜、薏米、伸筋草等疗肢体屈伸不利。

(3) 平抑肝阳：配菊花、钩藤、牛膝、生地黄等滋阴潜阳，疗肝阴不足、肝阳上亢引起的躁动不安。

[主要成分] 单萜类（芍药苷、白芍苷、苯甲酰芍药苷等）、黄酮类、挥发油、糖。

[药理作用] 免疫增强作用，抗氧化、抗缺氧、抗疲劳，改善记忆，镇静镇痛，保肝，缓解平滑肌痉挛。

[用量] 牛、马：15~60g；猪、羊：10~15g；禽、兔：1~2g。

【附】 白芍、赤芍，除都能止痛，作用相同外，其他作用均不同，白补而赤散，白芍柔肝潜阳，益阴敛营；赤芍活血化瘀，清热凉血。

熟地黄

熟地黄为生地黄经反复蒸晒，至内外色黑，质地柔软黏腻而成。

[性味归经] 甘，微温。归心、肝、肾经。

[功效] 补血、养阴。

[应用]

(1) 大补肾阴，为壮水之主药：熟地黄甘温，质滋静守，入肾专滋肾水，而养真阴。凡肝、肾阴虚所致的遗精，盗汗，骨蒸痨热，干咳无痰，视物昏花等皆可选用，如六味地黄丸。

(2) 生精血，补五脏之不足：熟地黄大补肾阴，阴得其养则血自生，所以熟地黄直接补阴间接补血。精充血足，五脏皆受其荫，故可补五脏之不足。血虚风痹、血虚便秘、血虚发情错后等皆必用熟地黄。

(3) 熟地黄延缓产蛋鸡后期的脱羽：熟地黄、山药、当归、五加皮、枸杞子、仙鹤草配伍，打粉混匀，每只鸡每天 0.5g 添饲料中连续饲喂，可延缓脱羽，提高产蛋率。因毛发根于肾，产蛋后期，鸡体力过耗，体质酸化，肾命亏虚而脱羽，本方填精养血补肾，故延缓脱羽。

[主要成分]　梓醇、多糖、氨基酸（赖氨酸、缬氨酸、谷氨酸、酪氨酸等）。

[药理作用]　降血糖。

[用量]　牛、马：30~60g；猪、羊：1~15g；禽、兔：1~5g。

【附】　当归、熟地黄均补血，当归补血主动，兼能活血行滞；熟地黄补血主静，用于精血亏虚。

何首乌

何首乌为蓼科多年生草本植物何首乌的块根，晒干后为生首乌，黑豆煮汁拌蒸变黑后称制首乌。

[性味归经]　甘、苦、涩，微温。归心、肝、肾经。

[功效]　补血、养阴。

[应用]

（1）制首乌补肝肾，养血益精：本品涩温，入肝、肾二经，能收敛精气，固精益肾，为滋补良药。因其温而不燥，补而不腻，性质平和，能长期服用，特别适于虚不受补者。常与熟地黄、当归、白芍、阿胶配伍，治病后虚弱，阴虚血少，筋骨软弱。与山萸肉、五味子、龙骨、牡蛎等配伍，治肾虚滑精、遗精、带下等。

（2）生用通便：用于家畜体虚便秘。

（3）生用解毒散结：用于疮疡、皮肤瘙痒。

[主要成分]　二苯烯苷类、蒽醌类、聚合原花素。

[药理作用]　免疫增强剂、改善脑缺血、抗心肌缺血、保护神经、抗衰老、抗骨质疏松。

[用量]　牛、马：15~60g；猪、羊：10~15g；禽、兔：1~3g。

阿胶

阿胶为驴皮去毛煎熬所得之胶，山东阿县阿井之水熬的胶，冬不皲裂，夏不黏臭，质量最佳，故名阿胶。原胶块用或用蛤粉炒成珠用。

［性味归经］ 甘，平。归肺、肝、肾经。

［功效］ 补血止血、滋阴润肺。

［应用］

(1) 补血止血：阿胶为补血方剂，血虚要药。中医血虚有功能性的，为心肝功能失调引起；有物质性的，主要是缺血性贫血。临床上血虚证，前者多见，所以用当归、熟地黄较多，阿胶补血属后者用之较少。因阿胶能凝固，有止血之功，常用于治疗吐血、便血、尿血。如配地榆炭、槐花炭、防风、苦参、黄芩等，治大便潜血。

(2) 安胎：疗血虚胎动不安。如配熟地黄、白芍、艾叶、白术、党参、炙甘草可保胎元预防流产。

(3) 滋阴润燥：阿胶能滋阴降火，热邪伤阴，阴虚火旺所致之烦躁不安，常与白芍、黄连配伍治疗。阿胶又常用于滋肺阴疗燥咳，如清燥救肺汤。

［主要成分］ 胶原蛋白、多种氨基酸、多种微量元素。

［药理作用］ 抗贫血、抗休克、抗疲劳、抗缺氧、增强免疫、增强记忆。

［用量］ 牛、马：30～60g；猪、羊：10～15g；禽、兔：1.2～3g。

【附】 中药三宝：人参、鹿茸和阿胶。

枸杞子

枸杞子为茄科落叶灌木枸杞之成熟干燥果实。宁夏产者最佳。生用。

［性味归经］ 甘，平。归肝、肾经。

［功效］ 养阴补血、益精明目。

［应用］

（1）补血滋阴：本品甘平，入肝、肾经，所以能滋补肝、肾，肝、肾亏虚所致之精血不足，腰胯无力，本品常配菟丝子、山药、熟地黄、山萸肉等治疗。

（2）益精明目：肝、肾亏虚，精血不能上济于目所致之视力下降，眼目干涩，本品常配菊花等治疗，如杞菊地黄丸（枸杞子、菊花加六味地黄丸）。

［主要成分］　多糖、胡萝卜素、β–谷甾醇、黄酮类等。

［药理作用］　增强造血功能、保护生殖系统功能、抗衰老、抗氧化、防治糖尿病。

［用量］　牛、马：15~30g；猪、羊：5~10g；禽、兔：1~5g。

（三）养阴药

凡能滋养阴液，改善或消除阴虚证之药物称养阴药。养阴药多味甘，性寒，主入肺、脾、胃、肝、肾经。有濡润和清补（制约阳气）两大功能。主用于治疗燥证和阴虚证。本类药物一般能清那脏腑之热，就能养那脏腑之阴，润那脏腑之燥。如能清肺热之药，就能补肺阴、润肺燥；清胃热之药，就能养胃阴、生津止渴。

本类药物各有所长，有的补肺、胃之阴，有的补肝、肾之阴，临床应随证选用。阴虚内热，要配伍退热药，阴虚阳亢要配伍潜阳镇静药等。

本类药物多甘寒滋腻，故脾气虚弱、湿痰内阻，腹满便溏者不宜选用。

沙参

沙参生于沙地，久服有参之功能。沙参有南北之分，南沙参又名空沙参，为桔梗科植物沙参干燥根；北沙参又名银条参，伞形科植物珊瑚菜之干燥根。开水烫后去外皮用。

［性味归经］　甘，微寒。归肺、胃经。

[功效]　养阴润肺、益胃生津。

[应用]

(1) 养阴润肺：南沙参气味甘凉，体轻（中空）入肺，清补之品，专清肺热，益肺气，故有“人参补五脏之阳，沙参补五脏之阴”之说。肺阴虚，干咳无痰或痰中带血，常配知母、川贝母、生地黄、麦冬等治之。

(2) 养胃阴益气生津。北沙参质重中实，其体清润，入胃专养胃阴而益气。热性病后，阴津耗伤，胃阴亏损，症见口红舌干、食欲减退等胃阴亏虚之症，常配生地黄、麦冬、玉竹、石斛等治疗。

[主要成分]　生物碱、黄酮类、皂角素、香豆素、多糖、糖苷等。

[药理作用]　镇咳祛痰、抗 G^+菌、抗真菌、抗氧化、抗衰老、增强免疫功能。

[用量]　牛、马：30~60g；猪、羊：10~15g；禽、兔：1~2g。

麦冬

麦冬为百合科多年生草本植物沿阶草须根上的小块根。生用。

[性味归经]　甘、苦，寒。归心、肺、胃经。

[功效]　养阴益胃、润肺清心。

[应用]

(1) 清热养阴，润肺止咳：本品甘寒清润，长于润燥泽枯，入肺经，主清肺、润肺。阴虚内热，烧灼肺津，肺阴亏损所致肺热燥咳，本品常配沙参、桑叶、天冬等治疗。

(2) 生津益胃：本品甘寒体润入胃经，能养胃阴，生津液。热病后，津液耗伤，胃阴亏损，症见口干舌燥，肠燥便秘，食欲减退，常用本品治疗。如生脉散（麦冬、人参、五味子)。

(3) 清心除烦：清肺润肺，肺气得保，金旺水生，水生火降，火降心宁，故能清心除烦，宁心安神。心阴虚所致心悸、烦躁不安，常配生地黄、黄连、远志等治之。

[主要成分]　甾体皂苷、异黄酮、β-谷甾醇、糖类等。

[药理作用]　抗缺氧、抗心律失常、抗心肌缺血、降血糖、抗衰老、免疫增强剂。

[用量]　牛、马：30~60g；猪、羊：10~15g；禽、兔：0.6~1.5g。

【附1】　麦冬主益肺、胃之阴，又能养心阴，清心热；天冬主益肺、肾之阴，而无清心之功。

【附2】　天门冬（天冬）：百合科多年生草本植物天冬的块根。

[性味、归经]　甘、苦，寒。归肺、肾经。

[功效]　清热养阴、润肺滋肾。

[应用]　养阴润肺，疗阴虚肺燥，功能同麦冬或略强于麦冬。天冬归肾经，有滋肾清热之功，能退虚热，疗阴虚火亢，临床上，常与黄柏、熟地黄配伍疗阴虚内热，虚火亢旺。

[用量]　牛、马：30~60g；猪、羊：10~15g；禽、兔：0.6~1.5g。

石斛

石斛为兰科常绿草本植物石斛之茎。晒干生用。

[性味、归经]　甘、淡，微寒。归肺、胃、肾经。

[功效]　益胃生津、养阴清热。

[应用]

(1) 养胃阴：石斛体坚液厚，甘寒入胃经，故能清胃热、养胃阴，生津止渴。经云："阳明壮热，必用白虎，壮热已退方可用石斛，壮热未退用石斛，则可成杯水车薪之势，缓不济急之误。"

（2）滋肾阴：阴虚火旺，虚热不退者或热病伤阴，常配沙参、麦冬、生地黄等治之。

［主要成分］　多糖类、生物碱类、氨基酸、微量元素、萜类、香豆素等。

［药理作用］　增强免疫力、抗衰老、增强体力、促进胃液分泌、降血糖、疗白内障。

［用量］　牛、马：15～60g；猪、羊：10～15g；禽、兔：1～2g。

女贞子

女贞子为木樨科常绿乔木女贞树之干燥成熟果实。蒸熟晒干用。

［性味归经］　甘、苦，凉。归肝、肾经。

［功效］　补养肝、肾，明目。

［应用］　本品味甘、苦，性凉，入肝、肾经，所以能补益肝、肾，清热滋阴，凉血明目，且本品补而不燥腻，不寒不热，为益肝、肾之阴的平补之品。常用于治疗肝、肾阴亏所致之腰胯无力、眼目不明及滑精。如疗阴虚发热的二至丸（女贞子、旱莲草）。

［主要成分］　黄酮类、齐墩果酸、熊果酸等。

［药理作用］　免疫调节作用；增加冠状动脉血流量，有强心利尿作用；因含睾酮又含雌激素所以有双向调节功能；抗菌（对金黄色葡萄球菌、溶血性链球菌、大肠杆菌、伤寒杆菌等，能抑制其活性）；此外还有抗炎、降血糖、抗血脂功能。

［用量］　牛、马：15～60g；猪、羊：6～12g；禽、兔：1.5～3g。

黄精

黄精为百合科多年生草本植物黄精之根状茎。生或熟用。

［性味归经］　甘，平。归肺、肾、脾经。

[功效] 润肺，滋阴，补脾气。

[应用] 本品功能似山药，气阴双补，脾、肺、肾兼治，山药有涩性本品无。

(1) 润肺：本品甘平入肺经，滋补肺阴，常用于肺虚燥咳。疗肺虚燥咳，常配沙参、麦冬、天冬等。

(2) 补脾：对脾胃虚弱证，常与党参、山药、茯苓、陈皮配伍治之。

(3) 滋补阴血：其功能似熟地黄，用于病后阴血不足。

[主要成分] 生物碱、黄酮、醌类、木脂素、多糖、甾体皂苷。

[药理作用] 免疫调节作用、调节血糖作用、抗疲劳、抗衰老、抗炎、抗疱疹病毒。

[用量] 牛、马：30~60g；猪、羊：10~15g；禽、兔：1~3g。

鳖甲

鳖甲为鳖科动物鳖之背甲。生用或炒后浸醋用。作煎剂应先煎久煎。

[性味归经] 咸，平。归肝、肾经。

[功效] 滋阴潜阳，软坚散结。

[应用]

(1) 生用滋阴潜阳：本品咸、平，入肝、肾经，故能疗阴虚发热、骨蒸痨热。如秦艽鳖甲汤（秦艽、鳖甲、当归、地骨皮、青蒿、知母、乌梅、柴胡）。

(2) 醋炙软坚散结：能通血脉而疗症。

[主要成分] 含脯氨酸、甘氨酸等；除含钙、磷、镁外还含多种其他微量元素。

[药理作用] 调节免疫、抗疲劳、抗缺氧、抗辐射、保护肝脏。

［用量］ 牛、马：30～60g；猪、羊：6～12g；禽、兔：1～3g。

(四) 补阳药

扶助畜体阳气，消除或改善阳虚证之药物称补阳药。临床上阳虚证有肾阳、心阳、脾阳虚，肝、肺无阳虚证。助心阳、温脾阳的药物如桂枝、附子、肉桂，已在其他章节叙述过，所以，本章补阳药主要是补肾阳。肾主骨，肾虚骨软，腰胯疼痛；肾司二阴，肾虚二阴或开而不合，滑精、尿频，或合而不开，尿闭、便秘；肾主发育生殖，肾虚生长发育迟缓，生殖功能低下，宫寒不孕或精冷不育。

助肾阳药物多补而兼暖，有振奋肾阳功能，这必耗大量肾精，所以古人云："善补阳者必阴中求阳"。

淫羊藿

淫羊藿又名仙灵脾、坤草，为小檗科多年生草本植物淫羊藿之全草。

［性味归经］ 辛，温。归肝、肾经。

［功效］ 补肾壮阳，强筋健骨，祛风除湿，止咳平喘。

［应用］

(1) 补肾助阳：本品辛、甘，温，入肝、肾经。故能补肾壮阳，为温补命门要药。配当归、熟地黄、白术、枸杞子、杜仲、巴戟天、蛇床子、韭菜子、肉苁蓉、制附子、肉桂等，可兴奋性功能，治疗不孕、不育、阳痿、滑精。如催情散。

(2) 强筋壮骨，祛风除湿：可疗风湿痹痛，筋骨痿软，骨质疏松，因而有"弃杖草"美名。

(3) 祛痰止咳：疗咳嗽痰多，可用于疗慢性支气管炎。

(4) 扶正、增强免疫力：淫羊藿配黄芪、薏苡仁、猪苓、当归、麦冬、艾叶、瓜蒌、丹参、郁金、茵陈、甘草，可补气养血活血，疗鸡淋巴白血病。

[主要成分] 淫羊藿苷类、多糖、挥发油。

[药理作用] 抑制骨的吸收，促进骨的合成，防治骨质疏松；兴奋性功能，促进精液分泌。

[用量] 牛、马：15~30g；猪、羊：5~10g；禽、兔：0.5~1.5g。

山茱萸

山茱萸又名山萸肉，为山茱萸科落叶小乔木山茱萸之去核果肉。生用或熟用。

[性味归经] 甘、酸涩，微温。归肝、肾经。

[功效] 补益肝肾、涩精敛汗。

[应用]

(1) 补益肝肾：本品性温能助阳，因“温暖之剂有益于元阳”，酸涩多液能固精秘气而强阴，所以本品助阳强阴，平补肝肾，为最主要强壮药。常用于肾虚导致的腰胯无力，滑精早泄，遗尿便频等。

(2) 固精敛汗：酸可收涩，故能收敛元气，固涩滑脱，振作精神。虚汗不止欲脱者，配人参、制附子有救脱之力。因本品为平补之剂，所以配生地黄、牡丹皮又可治阴虚盗汗。

[主要成分] 苷类（当药苷、环烯醚萜苷、番木鳖苷、山茱萸苷、莫罗忍冬苷等）、有机酸类（熊果酸、没食子酸、酒石酸等）、糖类等。

[药理作用] 莫罗忍冬苷苦味健胃、番木鳖苷免疫双向调节、当药苷保肝、没食子酸对金黄色葡萄球菌、链球菌和流感病毒有抑制作用。

[用量] 牛、马：30~60g；猪、羊：10~15g；禽、兔：1.5~3g。

巴戟天

巴戟天为茜草科多年生藤本植物巴戟天的干燥根。生用或盐炒用。

［性味归经］ 辛、甘，微温。归肝、肾经。

［功效］ 补肾阳，强筋骨，祛风湿。

［应用］

(1) 补肾壮阳：本品甘，微温，入肾经，补肾阳。疗阳痿不兴、早泄滑精，常配熟地黄、山药、枸杞子、淫羊藿等。

(2) 健筋强骨：用于肾虚骨痿，运步困难和风湿痹痛。常配杜仲、续断、菟丝子等疗腰胯疼痛；配狗脊、续断、淫羊藿等疗肾阳虚弱之风湿痹痛。

［主要成分］ 蒽醌类、环烯醚萜类、糖类、挥发油、有机酸、氨基酸等。

［药理作用］ 壮阳，有保护精子顶体功能；免疫增强作用；抗氧化、清除自由基作用；抗凝血、促进造血功能；抗炎镇痛。

［用量］ 牛、马：15~30g；猪、羊：5~10g；禽、兔：0.5~1.5g。

【附】 本品壮阳弱于淫羊藿；温燥之性小，且能补肾精，优于淫羊藿。但二者均为温性，在补肾阳时最好配伍滋补肾精之品。

补骨脂

补骨脂又名破故子，为豆科一年生草本植物补骨脂的干燥成熟种子。生用、炒或盐水炒用。

［性味归经］ 辛、苦，大温。归肾、脾经。

［功效］ 补肾助阳，温脾止泻。

［应用］

(1) 温肾阳，固肾气：本品大温，入肾经，为温性较强之补肾阳药。能温补命火，固摄下元，常用于命门火衰，下元不固所致的肾冷精流，尿频遗尿和生殖功能减退。

(2) 暖脾肾止泄泻：本品补命火，温脾阳，又兼收涩之性，故能疗脾、肾阳虚作泻，如四神丸（补骨子、肉豆蔻、吴茱萸、五味子）。

(3) 止咳平喘：疗慢性支气管炎。

[主要成分]　酚萜类（补骨脂素）、黄酮类、香豆素类等。

[药理作用]　抗菌（皮肤真菌、金黄色葡萄球菌、表皮葡萄球菌）、强心扩冠、免疫增强、抗氧化、抗过敏、保肝、平喘。

[用量]　牛、马：15~45g；猪、羊：3~10g。禽、兔：1.0~2.0g。

【附】　补骨脂、乌梅、黄连，95%酒精浸制成复方酊剂，可治疗白癜风。因补骨脂素口服后，在紫外线照射下可与表皮细胞的DNA结合形成光加合物，抑制DNA合成，减少表皮细胞增殖。

菟丝子

菟丝子为旋花科一年寄生性蔓草菟丝子的成熟种子。生用或盐水炒用。

[性味归经]　辛、甘，平。归肾、脾经。

[功效]　补肾益精，养肝明目。

[应用]

(1) 补肾阳、固肾气：本品甘，平，入肝肾经，为常用平补肝肾之品，既补肾阳，固肾气，又益阴精。常配枸杞子、五味子、覆盆子等疗肾虚阳痿、滑精、尿频。

(2) 有安胎之功，常配杜仲、桑寄生、白术等疗胎动不安。

(3) 明目：本品补肾精，益肝血，明目，改善视力。配熟地黄、枸杞子、车前子、白菊花等疗肝肾亏虚所致之目疾。

[主要成分]　黄酮类（槲皮素、金丝桃苷等）、12种氨基酸、多种微量元素。

[药理作用]　促进生殖器官发育，如促进卵泡发育和增强

精子活力；增强免疫功能；扩张冠状动脉，保护心脏；改善微循环；保护肝脏。

[用量] 牛、马：15~30g；猪、羊：5~15g；禽、兔：1~2g。

杜仲

杜仲为杜仲科落叶乔木杜仲的干燥树皮。生用、炒用（酒、醋、盐）、炒炭。

[性味归经] 甘，温。归肝、肾经。

[功效] 补肾阳，强筋骨，安胎。

[应用]

(1) 补肾阳、强筋骨、止痛：本品甘温，入肝肾经，故能补肾阳，强筋骨，益腰膝，止痛。常用于治疗肾虚所致的腰胯无力、阳痿、尿频。

(2) 安胎：因肝肾亏虚所致之胎动不安，常配阿胶、白术、续断、党参、艾叶等保胎。

[主要成分] 木脂素及苷类、环烯醚萜类、杜仲胶、苯丙素类、酚类（氯原酸、咖啡酸等）、脂肪酸（亚油酸、硬脂酸、棕榈酸等）、黄酮类、氨基酸等。

[药理作用] 调节血脂、增强免疫、抗衰老、增强体力、促骨细胞增殖等。

[用量] 牛、马：15~60g；猪、羊：5~10g；禽、兔：1~2g。

续断

续断为川续断科多年生草本植物续断的干燥根。酒炒或盐水炒用。产于蜀地，久服筋断可复续，而又得名川续断。

[性味归经] 苦，微温。归肝、肾经。

[功效] 补肾阳，强筋骨，续伤折，安胎。

［应用］

（1）补肾阳、强筋骨：本品苦温，入肝、肾经，故能温补肾阳，为疗腰肾要药。配牛膝、杜仲、桑寄生、菟丝子等疗肾虚腰胯疼痛；配党参、茯苓、黄柏、陈皮、龙骨、牡蛎、枸杞、五味子疗脾肾亏损，气阴不足，虚火扰动精室所致之遗精。

（2）本品因能通利血脉，所以能续筋接骨疗伤，为伤科要药。续断配桑寄生、阿胶珠、苎麻根组成名方“还魂丹”，疗跌打损伤与安胎。

［主要成分］　三萜皂苷类、黄酮类、生物碱、β-谷甾醇。

［药理作用］　促进成骨细胞增殖和分化；改善记忆；抗氧化、抗自由基损伤；延缓衰老。

［用量］　牛、马：15～60g；猪、羊：5～10g；禽、兔：1～2g。

胡芦巴

胡芦巴为蝶形花科一年生草本植物胡芦巴的干燥成熟种子。生用、炒或盐水炒用。

［性味归经］　辛、苦，大温。归肾经。

［功效］　温肾散寒，止痛。

［应用］　本品苦温，入肾经。可补命门火，壮元阳退虚寒。肾阳虚弱，寒气凝滞所致的阳痿、腰痛。常与淫羊藿、巴戟天配伍治疗阳痿；与补骨脂、杜仲配伍治疗腰胯痛。

［主要成分］　黄酮类、多糖、生物碱（芦巴碱、胆碱、龙胆碱等）、皂苷类。

［药理作用］　抑制血小板凝聚，降低血黏稠度，改善血液流动性和微循环；抗脑缺血性损伤；补肾壮阳；降低胃黏膜损伤，抗溃疡；降血糖、降血压。

［用量］　牛、马：15～45g；猪、羊：5～15g；禽、兔：0.5～1.5g。

肉苁蓉

肉苁蓉为列当科一年寄生草本植物肉苁蓉的干燥肉质茎。生用，盐水浸渍为咸苁蓉；再用清水漂洗，晒干为淡苁蓉。因其温而不燥，滑而不泻，补而不峻，有从容和缓之性，故名。主产于新疆沙漠区，故又有沙漠人参之美誉。

[性味归经] 甘、咸，温。归肾、大肠经。

[功效] 补肾益精，润肠通便。

[应用]

(1) 气温，味甘咸，入肾经，故能补肾壮阳。本品温而不燥，补而不峻，壮阳不像巴戟天、鹿茸火热之性，所以补肾阳不伤阴，是一味性质温和的滋补强壮药。主用于公畜绝阳不兴，早泄滑精，母畜绝阴不产，宫寒不孕。配熟地黄、菟丝子、山茱萸、淮山药疗阳痿；配石菖蒲、茯苓、菟丝子、山茱萸疗性欲减退；配熟地黄、菟丝子、山茱萸、淮山药、五味子、韭菜子、沙苑子疗遗精。

(2) 润肠通便：本品润肠无硝黄之峻下直泻，所以润便不伤其体，用于气血不足之肠燥便秘。如配麻仁、柏子仁、当归，疗孕猪后期大便秘结。

[主要成分] 苯乙醇苷类（红景天苷、松果菊苷、洋丁香苷等）、环烯醚萜类（益母草素、栀子酸等）、木脂素类、多糖、生物碱等。

[药理作用] 对下丘脑老化有调节功能，可改善阳虚体质；免疫调节功能；抗氧化，清除自由基，保护心脏；抗脑缺血性损伤，改善记忆；抗肺损伤等。

[用量] 牛、马：15~30g；猪、羊：5~10g；禽、兔：1~2g。

蛇床子

蛇床子为伞形科一年生草本植物蛇床的成熟干燥果实。生用。有小毒。

［性味归经］　辛、苦，温。归肾、三焦经。

［功效］　温肾助阳，燥湿杀虫。

［应用］

（1）温肾助阳：本品苦、温，入肾经，能温肾助阳。常用于疗阳痿不育，宫寒不孕，肾虚尿频。如配菟丝子、五味子疗阳痿；配菟丝子、肉桂、益智仁疗尿频。

（2）外用杀虫止痒：常用于疗湿疹、瘙痒、疥癣。与苦参、黄柏、苍术配伍，煎水外洗，疗湿疹。与荆芥、防风、地肤子配伍，煎水外洗，疗荨麻疹。

（3）燥湿、祛风散寒：常用于疗风湿痹痛。

［主要成分］　挥发油（蒎烯、莰烯、月桂烯等）、香豆素（如蛇床子素）。

［药理作用］　抗心律失常、抑制中枢神经、抗过敏、止痒、杀菌（对金黄色葡萄球菌、绿脓杆菌、真菌等有抑杀功效）。

［用量］　牛、马：30~60g；猪、羊：15~30g；禽、兔：1~2g。

四、行气药

能疏畅气机，治疗气滞的药物称行气药。气周而复始循行全身，有气则生无气则死。气源于脾，根于肾，出入升降于肺，疏泄条达于肝，固于表，运于内，起着温煦、气化、推动、固摄、卫外作用。气之循行一旦失畅就呈现病态。气病分气滞和气虚两类，虚者宜补，行气药主用于气滞。障碍气机之主因有寒凝、痰湿、瘀血、宿食等，脾胃气滞则脘腹胀痛、痞满，需行气理脾；肝气郁滞则胁肋胀痛，宜疏肝解郁；肺气壅滞则咳嗽气喘，宜降气平喘。所以本类药分别具有调中、疏肝、降肺等功效。行气药大都辛温芳香，易耗损畜禽的元气和阴液，因此阴虚、气虚者不宜多用。

橘皮

橘皮为芸香科常绿乔木橘树成熟果实之皮。干燥备用。陈者良，所以又名陈皮。

[性味归经] 辛、苦，温。归脾、肺经。

[功效] 行气健脾，燥湿化痰，降逆止呕。

[应用]

(1) 行气调中：橘皮苦温，芳香入脾，能行气消胀。脾胃气滞，脘腹胀满，不分寒热虚实，皆可选用，为应用最广泛的行气药。

(2) 燥湿化痰：橘皮温能祛寒，苦能燥湿，适于寒痰、湿痰阻滞于肺，痰多而稀的咳嗽气喘。陈皮蠲化痰浊，燥湿化痰，常与半夏、茯苓同用，如二陈汤（陈皮、半夏、茯苓、甘草）。

(3) 行气止呕：痰湿阻于中焦，脾胃气滞，胃失和降而呕吐，橘皮常配生姜燥湿降胃止呕。

(4) 古人云“陈皮和百药统治百病，皆因于行气”，气行则引导各药升降有序，补泻增力；气行则痰化湿消，气顺则痰湿自除；食积因气行而解，积滞消百病散。所以，陈皮能百病统治，如参芪之补常配陈皮，以防补而生郁，使补药更能发挥补益之力。

[主要成分] 挥发油（柠檬烯）、黄酮苷类（橙皮苷）、生物碱、肌醇等。

[药理作用] 改善小肠消化功能，抑制肠痉挛；抗过敏，抗应激，增强机体免疫力；扩张冠状动脉，升高血压，兴奋心肌；抗氧化；预防动脉硬化等。

[用量] 牛、马：30~60g；猪、羊 6~10g；禽、兔：1.0~3.0g。

【附】 橘红：柚子之果皮（产地不同分苏橘红、化橘红），性较温燥，与陈皮相比，燥湿痰力强，偏于消痰下气。

青皮

青皮为橘树未成熟青色果皮，小幼果称个青皮，大的未熟果，切四瓣去瓤为四花青皮。生用或醋拌炒用。

[性味归经]　苦、辛，温。归肝、胆、胃经。

[功效]　疏肝破气，消积化滞。

[应用]

（1）疏肝破气：本品辛、苦，温，有辛散温通苦降之性，又入肝胆经，所以能疏肝破气而止痛。常配郁金、香附疗肝气郁滞所致之腹痛肚胀。

（2）消积化滞：本品健脾之功虽比陈皮逊色，但散结化滞之力远强于陈皮，单用就可疗乳房胀痛。临床上食积胀痛、气滞血瘀多选用青皮。

[主要成分]　挥发油、黄酮苷类（橙皮苷、柚皮苷）、氨基酸（谷氨酸、脯氨酸、甘氨酸等多种氨基酸）

[药理作用]　强心升压，抗应激，抗休克等。

[用量]　牛、马：26～30g；猪、羊：6～10g；禽、兔：1.5～3.0g。

【附】 青皮、陈皮虽为一物，但陈皮老、青皮嫩，功效也有差异。陈皮行气调中，入脾肺，治疗部位偏上；药性和缓，偏于燥湿健脾，理气化痰。青皮入肝胆，药性刚悍，偏于破气，疏肝消积。临床上陈皮作用于中上焦，治疗脾运失健、痰喘咳嗽。青皮作用于中下焦，治肝气郁结，胸胁疼痛、乳肿乳痈。故有“陈皮治高，青皮治低；陈皮缓，青皮峻”之说。

枳实

枳实为芸香科常绿灌木酸橙、香橼或枳的未成熟果实。生用或麸炒用。

［性味归经］ 苦、辛，微酸，微温。归脾、胃经。

［功效］ 行气消痰，破气消积。

［应用］

（1）破浊气、消积滞：枳实味苦能降，其性走下，所以能降逆气、破浊气、消积滞。浊气下降，清气上升，脾胃升降有序，中阳自健。常用于胸膈痞塞、寒凝气滞所致的胃脘疼痛及湿热积滞所致肚腹胀满，粪便秘结等，如疗湿热蕴积中焦引起的肚腹胀满，里急后重的枳术丸（枳实、白术、大黄、黄连、泽泻、神曲）。

（2）健脾行痰：苦能燥湿，故能健脾行痰。古人云："枳实泻痰，冲墙倒壁。"主用于痰多咳喘。

［主要成分］ 生物碱（如辛弗林）、黄酮苷类（橙皮苷、柚皮苷等）、挥发油（柠檬烯、芳樟醇）、内酯类等。

［药理作用］ 增加冠脉血流量，改善微循环，升高血压；加强胃肠平滑肌的收缩强度和持续时间；抗血小板凝聚，抑制红细胞聚集；镇痛等。

［用量］ 牛、马：30～60g；猪、羊：9～12g；禽、兔：1～3g。

【附】 枳壳：为芸香科常绿灌木酸橙、香橼近成熟果实。生用或麸炒用。

［临床功效］ 理气宽中，行滞消胀：枳壳气轻上行，力缓，主破胸膈之气，疗胸中痞塞、胀满疼痛，食积不化、痰湿内停及子宫、阴道脱垂等症。如症见肚腹疼痛，进食痛剧，苔厚脉缓等气滞性腹痛证，枳壳配莱菔子、陈皮、大腹皮、鸡内金有捷效。

枳实、枳壳同为一物，因老嫩不同，药效有差别：枳实性速，枳壳性缓。枳实主破肠中浊气，气在胸下用枳实；枳壳主破胸中浊气，气在胸中用枳壳。肚腹胀满、大便秘结者用枳实，胸膈胀满、呼吸喘急者用枳壳。

[主要成分]　挥发油（柠檬烯、月桂烯）、黄酮苷类（橙皮苷、柚皮苷）、生物碱（辛弗林）。

[药理作用]　对消化系有双向调节功能，兴奋子宫平滑肌，增加冠脉血流量，加强心肌收缩。

[用量]　牛、马：30~60g；猪、羊：9~12g；禽、兔：1~3g。

木香

木香为菊科多年生草本植物木香之根。草木类中最香之品故称木香。味香黏唇舌者良。产于云南者称云木香，产于四川者称川木香，产于印度等称广木香。生用或煨用。

[性味归经]　辛、苦，温。归脾、胃、大肠、胆经。

[功效]　行气止痛。

[应用]

(1) 行气止痛、消胀：本品入脾、胃、大肠、胆经，辛香、微苦而温，芳香行脾土之气滞，辛散肝木之气滞，行气止痛，不管是脾胃、大肠、肝胆气滞，不管虚、实、寒、热，都可使用，寒者配温里药，热者配清热药；虚者配补脾药，食滞者配消食药，有湿浊配芳香化湿药。尤以行脾胃之气为要，脾胃气滞引起的疼痛胀满，木香行气止痛，醒脾消食，为必用之品。

(2) 止泻痢：木香芳香化湿，胃肠气滞，湿停不化所致的泄泻，常配藿香、佩兰、茯苓、黄连治疗；湿热积滞大肠所致之湿热痢疾亦常用木香，如香连丸。

[主要成分]　挥发油、谷甾醇、木香碱、树脂等。

[药理作用]　调节胃肠蠕动、抗消化性溃疡、抗腹泻、抗炎、促进胆囊收缩等。

[用量]　牛、马：30~60g；猪、羊：9~15g；禽、兔：0.3~1.0g。

厚朴

厚朴为木兰科落叶乔木厚朴的干燥树皮。产于四川大巴山、大渡河两岸的称川朴；产于浙江龙泉等地称温朴，产于湖北恩施的油多气香称紫油朴。蒸透晒干用或以生姜、苏叶二味与厚朴同煮透，去生姜、苏叶，阴干用，名制厚朴。

[性味归经] 苦、辛，温。归脾、胃、肺、大肠经。

[功效] 行气燥湿，降逆平喘。

[应用]

(1) 行气消胀：厚朴苦温而气香，所以能行气、燥湿。胃肠气滞胀满，寒热虚实均可选用，寒凝气滞，配温里药如干姜，温阳导滞；湿热气滞，配清热药如黄连，清热导滞；脾虚气滞，配补中药如白术，补气导滞；食积气滞，配消食药如莱菔子，消积导滞。

(2) 降逆平喘：厚朴辛能行痰，苦能降肺，肺气壅滞之咳喘，有痰无痰皆可使用。

[主要成分] 酚类（厚朴酚）、挥发油（桉叶油）、生物碱（厚朴碱、木兰花碱）、皂苷、鞣质等。

[药理作用] 促进消化，抗消化道溃疡；镇痛；降低毛细血管通透性，抗炎；松弛平滑肌抗其痉挛；保护心脏；抗菌（对金黄色葡萄球菌、肺炎球菌、痢疾杆菌等有抗菌活性）。

[用量] 牛、马：25~45 g；猪、羊：6~10g；禽、兔：1.5~3.0g。

香附

香附为莎草科多年生草本植物莎草的干燥根茎。因气味芳香，相附连续而生故名。产于浙江金华名金香附；产于山东名东香附。生用、醋炒或炒炭用；与黄酒或醋同煮，名制香附；酒、盐、姜汁、童便分次制炒者，名四制香附。

[性味归经] 辛、微苦，平。归肝、胃经。

［功效］　疏肝理气。

［应用］

（1）行气、止痛：本品气平不寒，香而能窜，上行胸膈，外达皮肤（经络），下走肝肾，被誉为“气病总司”，所有气滞证均可治疗。如配良姜疗气滞寒凝所致之胃寒疼痛；配莱菔子、槟榔、神曲、麦芽疗食滞气郁之胃脘胀满；配艾叶、当归治产后腹痛。

（2）疏肝解郁：本品辛散肝郁，苦降肝逆，所以香附尤长于疏肝解郁，条达肝气。常配柴胡、白芍、郁金，治肝气郁结所致的食滞不化，胸胁胀痛；配蒲公英、赤芍等疗乳痈初起；配吴茱萸、乌药疗寒疝腹痛。

（3）疏肝调经：香附被誉“妇科之主帅”。本品为气中血药，有弱的活血作用，常用于疗月经不调，不管虚实寒热。

［主要成分］　生物碱、黄酮苷类、酚类、挥发油等。

［药理作用］　镇痛、抑制子宫平滑肌收缩、降低肠管紧张性。

［用量］　牛、马：30～60g；猪、羊：9～15g；禽、兔：1～3g。

槟榔

槟榔为棕榈科常绿乔木槟榔的成熟种子。晒干切片用。

［性味归经］　辛、苦，温。归胃、大肠经。

［功效］　行气利水，杀虫消积。

［应用］

（1）降逆气、破滞气：槟榔味辛而苦，质重下行，能行气降气，古人云“槟榔性如铁石之降”，能把高位滞气降至最低。故常用于气滞、气逆所致的痰食积聚、胸腹胀满、里急后重，有“除里急后重，效如奔马”之说。如芍药汤（白芍、槟榔、黄连、木香、大黄、黄芩、当归、肉桂、甘草）。本品又善破有形之滞，炒后力缓长于消积，与焦三仙并用疗消化不良，名“焦四仙”。

（2）驱虫：能驱杀多种寄生虫，如绦虫、姜片吸虫。配南瓜子驱绦虫效果极佳（槟榔麻痹绦虫头节、南瓜子麻痹绦虫体节，可协同）。且槟榔又有泻下作用，更有助虫体排出。驱虫用量要大，是行气用量10倍左右。每只成鸡驱绦虫用槟榔1.5~2g，配南瓜子20~40g。

［主要成分］ 生物碱（槟榔碱）、多糖、脂肪酸（月桂酸、棕榈酸）。

［药理作用］ 驱虫作用；兴奋M胆碱受体，使胃肠平滑肌蠕动增强；兴奋子宫平滑肌；抗动脉硬化等。

［用量］ 牛、马：30~60g；猪、羊：9~15g；禽、兔：1~3g。

【附】 大腹皮（腹毛）：为槟榔果实之外皮。其临床功效如下：

（1）下气宽中：疗胃肠气滞，脘腹胀满，食欲不振。

（2）利水消肿：如治疗水肿主方五皮饮（大腹皮、生姜皮、茯苓皮、地骨皮、五加皮）。

［药理作用］ 促胃肠动力作用，减少肠道内毒素移位。

［用量］ 牛、马：15~60 g；猪、羊：6~12g；禽、兔：1~3g。

五、理血药

能调理和治疗血分病的药物称理血药。血分病有血虚、血溢、血热、血瘀之分。血虚宜补，血热宜凉，血瘀宜活，血溢宜止。清分血热、补血虚药在清热、补养节中已讲述，这里主要讲述活血祛瘀药和止血药。本类药物多能伤胎，孕畜慎用或禁用。

（一）活血祛瘀药

能促进血行，消散瘀滞为主要功效的药物称活血祛瘀药。本类药物能活血止痛、活血调经、活血疗伤和活血消癥。主用于瘀血作痛，疮痈初起，跌打损伤，产后血瘀腹痛及胎衣不下等。气之与血如影随形，气滞必引起血瘀，血瘀必导致气滞，所以，活血必行气，必与气药同用。

川芎

川芎为伞形科多年生草本植物川芎的干燥根茎。产于四川名川芎，产于江西名抚芎。生用或酒炒、麸炒用。

[性味归经] 辛，温。归肝、胆、心包经。

[功效] 活血行气，祛风止痛。

[应用]

(1) 行气活血：本品辛散温通，上行头目，下行血海，旁达四肢，中开郁结，入血分畅血中之气，为最主要的血中之气药。常用于气血瘀滞所致的胎衣不下、恶露不绝及产后瘀血作痛。

(2) 祛风止痛：古人云“血因风郁，得芎而活”，血活风自灭。所以能祛风止痛。常用于治疗风寒感冒、风湿痹痛。川芎为治头痛常用之品。有“川芎治头痛不分新旧”之说。

[主要成分] 挥发油（藁本内酯、蛇床内酯等）、酚类和有机酸类（大黄酚 、阿魏酸等）、生物碱（川芎嗪）、内酯类等。

[药理作用] 增加冠脉血流量保护心肌、降低血液黏度改善血液流变、抑制血小板凝聚、对子宫平滑肌小剂量兴奋大剂量抑制、镇静镇痛。

[用量] 牛、马：20～25g；猪、羊：6～10g；禽：0.5～1.5g；兔：1～2g。

丹参

丹参为唇形科多年生草本植物丹参干燥根。色赤参形故名。生用或酒炒用。

[性味归经] 苦，微寒。归心、心包、肝经。

[功效] 活血祛瘀，凉血消痈，除烦安神。

[应用]

(1) 活血祛瘀：本品味苦能降行，气寒能清热，入血分，凉血活血，尤以血分有热的瘀滞用之最为对症，如疗温病热入营血的清营汤。本品活血祛瘀，补而不滞，行而不伤，为补而兼通之品，广泛用于各种血瘀证，能活血调经，疗产后恶露不绝、胎衣不下；能活血疗伤，促进骨痂形成；能活血消症，疗乳痈、瘰疬及疮肿。因热郁而胎动不安时，丹参又能凉血祛瘀而安胎。因瘀血祛，则新血生，所以丹参又能养血。故有“一味丹参，功同四物”之说。但血虚无瘀滞者，本品无养血之效。

(2) 清心凉血：本品气味苦寒，又入心经，所以能凉血热，泻心火，清心除烦，宁心安神。常用于疗热入血分出现的烦躁不安，神志不清。

[主要成分] 丹参酮、丹参酚酸（原儿茶醛及丹参酚酸 A、丹参酚酸 B、丹参酚酸 C 等）

[药理作用] 对金黄色葡萄球菌和溶血性链球菌有抗菌活性，以及抗炎、抗雄性激素、抗消化性溃疡、抗血栓形成、保护心脏、抗脑损伤等。

[用量] 牛、马：25～45g；猪、羊：5～10g；禽、兔：0.5～1.5g。

郁金

郁金为姜科多年生宿根草本植物郁金、姜黄、莪术的干燥块根。晒干生用。

[性味归经] 辛、苦，寒。归心、肝、胆经。

[功效] 凉血清心，行气解郁，祛瘀止痛，利胆退黄。

[应用]

(1) 行气解郁、止痛：本品辛苦，辛能行上，苦能降下，故长于行气解郁，因又入肝经，所以尤善行肝气、疏肝解郁。肝气郁结，气郁化火，热瘀互结引起的胸腹、胁肋疼痛（家畜不卧、叩诊胸胁部敏感，胸膜有炎症）最为多用。常配柴胡、白芍、香附、当归治疗胸胁胀痛。

(2) 活血化瘀：郁金性寒味辛，体轻气窜，血中气药。善活血化瘀，血因热瘀或血热妄行引起的出血，郁金用之最宜，常配栀子、牡丹皮、生地黄等疗血热妄行引起的出血，如衄血、便血等。

(3) 凉血清心：本品性凉而入心，故能凉血清心。温热病热入营血或脏腑杂病都能使用。温病热入营血，热扰心神时，出现烦躁不安，神昏惊狂，常与黄连、牛黄配伍使用，如安宫牛黄丸（牛黄、郁金、水牛角、黄芩、黄连、雄黄、栀子、朱砂、冰片、麝香）。心热内盛，心火上炎之杂证时，郁金也为常用之品，如疗湿温浊邪蒙蔽清窍的菖蒲郁金汤（菖蒲、郁金、栀子、连翘、金银花、菊花、滑石、牡丹皮、竹叶、牛蒡子、竹沥、姜汁、紫金锭）。

(4) 利胆退黄：肝胆郁热所致之湿热黄疸，本品常配栀子、茵陈等治疗。

[主要成分]　挥发油、生物碱、姜黄素、微量元素等。

[药理作用]　保护肝脏、保护心脏、降血脂、抗肿瘤、抗辐射、抗过敏、抑制十二指肠溃疡等。

[用量]　牛、马：20~45g；猪、羊：9~15g；禽、兔：0.3~1.5g。

牛膝

牛膝为苋科多年生草本植物牛膝的根。分怀牛膝（主产河南沁阳）和川牛膝（主产四川）。生用或酒炒、盐水炒用。

[性味归经]　苦、酸，平。归肝、肾经。

[功效]　活血祛瘀，引血下行，补肝肾，通淋涩。

［应用］

（1）补肝肾，强筋骨：本品入肝肾经，所以长于补肝肾，常配熟地黄、当归、龟板疗肝肾亏损引起的腰膝酸痛，筋骨不健。

（2）活血通经：适用广泛的活血化瘀，特别是产科血瘀证。如配桃仁、红花、川芎、当归等疗胎衣不下。

（3）利水通淋：常配滑石、瞿麦、冬葵子等疗热淋涩痛，小便不利，淋病尿血。

（4）引血（热）下行，其作用有三：肝阳上亢，血热上逆，此药助平肝药潜降肝阳，引热下行；上部实热，如胃火、心火炽盛或肝火上炎，与清热药配伍，使上炎之热下行；上部出血，与凉血止血药同用，能增强疗效。如配伍生地、麦冬、石膏、知母疗因火热炎上引起的口舌生疮、咽喉肿痛等。

［主要成分］　总甾酮（蜕皮甾酮、牛膝甾酮）、三萜皂苷（齐墩果酸）、尿囊素、牛膝多糖、正丁基吡喃果糖苷。

［药理作用］　怀牛膝具扩张下肢血管和抗动脉粥样硬化作用，并提高机体免疫力、抗炎、强心、降血糖、兴奋子宫、抗生育、抗着床。

［用量］　牛、马：20~60g；猪、羊：6~12g；禽、兔：0.5~1.5g。

［禁忌］　孕畜（易引起流产）。

红花

红花为菊科二年生草本植物红花的花冠。阴干生用。

［性味归经］　辛，微温。归肝、心经。

［功效］　活血化瘀，通经。

［应用］

（1）活血化瘀：本品辛散温通，入血分，为活血化瘀要药，故产科瘀血证虚实皆用，如产后血瘀腹痛、胎衣不下。产后血虚，也可用少量红花与四物汤配伍治疗，补而兼通。

（2）祛瘀止痛：主用于跌打损伤、瘀血作痛及疮癀肿毒。如疗高产奶牛蹄叶炎，常用红花、牛藤配伍活络效灵丹（当归、丹参、乳香、没药）治疗。

[主要成分]　黄酮类（红花黄色素、羟基红花黄色素A）、脂肪酸（棕榈酸、月桂酸、油酸等）、多糖、木脂素等。

[药理作用]　抗凝血、抗血栓、抗炎、抗缺氧、兴奋子宫、保肝，改善心、脑微循环。

[用量]　牛、马：25~30g；猪、羊：6~10g；禽、兔：0.5~1.5g。

桃仁

桃仁为蔷薇科落叶小乔木桃树果实之种仁。生用。

[性味归经]　辛、苦，平。归肝、肺、大肠经。

[功效]　活血化瘀，润肠通便。

[应用]

（1）活血祛瘀：桃仁苦能降泄，入血分，故能泄血中之滞，为活血祛瘀要药，古人云："桃仁破血而立通。"且性又平和，故常用桃仁活血调经、活血疗伤、活血消症、活血止痛，如生化汤。桃仁尤长于疗肺痈、肠痈，可能是因桃仁兼有润肠通便和止咳平喘作用。

（2）润肠通便：本品体润能滋，对津亏血燥便秘者常配杏仁、麻仁、柏籽仁治疗。

[主要成分]　脂肪酸、多糖、苦杏仁苷、挥发油等。

[药理作用]　抗凝血、抗炎、抗过敏、改善血流。

[用量]　牛、马：25~30g；猪、羊：6~10g；禽、兔：0.5~1.5g。

益母草

益母草为唇形科一年生草本植物益母草的全草。为胎前产后要药，故名益母。生用。种子名茺蔚子（亦用于活血祛瘀）。

［性味归经］ 辛、苦，微寒。归肝、心、膀胱经。

［功效］ 活血化瘀，利尿，解毒。

［应用］

（1）行血祛瘀：本品味辛入血分，行瘀血而不伤新血，养新血而不滞瘀血，所以是经产良药。产后血瘀不分虚实皆可选用，如配桃仁、当归、刘寄奴、炮姜、枳壳、川芎等疗恶露不净；配当归、白芍、熟地黄、白术、党参、川芎疗产后血虚；配党参、白术、黄芪、升麻、柴胡、枳壳等治阴道、子宫脱垂。

（2）利水消肿：常配茯苓、猪苓等消除水肿。

［主要成分］ 生物碱（水苏碱）、黄酮类、多糖。

［药理作用］ 兴奋子宫，促进产后子宫复旧、改善心肌缺血、降低血液黏滞度、改善肾脏功能、免疫增强作用。

［用量］ 牛、马：30～60g；猪、羊：9～20g；禽、兔：0.5～1.5g。

王不留行

王不留行为石竹科二年生草本植物麦兰菜成熟种子。生用或炒用。

［性味归经］ 辛、甘，平。归肝、胃经。

［功效］ 活血通经，下乳，利尿。

［应用］

（1）活血通经，下乳消肿：本品味辛，功专通利，又走血分，故能活血通经，下乳消肿。配穿山甲、通草，下乳，疗乳汁不通，俗有“穿山甲、王不留，妇人服了乳常流”之说。配当归、川芎、红花、赤芍等疗产后瘀血作痛。

（2）用于小便淋漓不畅，常配金钱草、海金沙、怀牛膝疗石淋。

［主要成分］ 三萜皂苷、黄酮苷、环肽、类脂和脂肪酸、

单糖。

［药理作用］　收缩子宫、催乳。

［用量］　牛、马：20~45g；猪、羊：6~12g；禽、兔：1~2g。

皂角刺

皂角刺为豆科落叶乔木皂角树上的棘刺，生用。其果荚称皂荚。

［性味归经］　辛，温。归肺、大肠经。

［功效］　消肿排脓，豁痰开窍。

［应用］

（1）消肿排脓：本品辛散温通，性能与穿山甲类似，有消肿托毒排脓之功，凡痈疽肿毒，未成能消，已成能溃。如仙方活命饮。

（2）皂荚生用，可祛痰开窍。

［主要成分］　黄酮类、皂苷、氨基酸、谷甾醇、酚类、棕榈酸等。

［药理作用］　抗菌（如金黄色葡萄球菌）、抗炎、抗凝血、免疫调节、抗过敏等。

［用量］　牛、马：15~30g；猪、羊：3~10g；禽、兔：1~2g。

（二）止血药

能制止内外出血的药物称止血药。出血之因颇多，疗出血必审因用药。热入营血，迫血妄行之出血，需清热凉血止血；气虚不能摄血之慢性出血，需补气以统血摄血；瘀血内阻出血，需活血化瘀止血，虚寒性出血需温经止血。有形之血不能速生，大出血有虚脱之象时，除急救止血外，还必须速配补气药以固脱。

地榆

地榆为蔷薇科多年生草本植物地榆之根。生用或炒炭。

[性味归经] 苦、酸，微寒。归肝、胃、大肠经。

[功效] 凉血止血，收敛，解毒。

[应用]

(1) 凉血止血：本品味苦气寒，故能用于各种血热妄行之出血，因本品性沉，入下焦，所以尤长于下焦血热妄行出血，如常配侧柏叶、槐花、白芍等治血便；配黄连、木香治血痢。

(2) 清热通淋：湿热毒邪流注下焦引起之热淋，生地榆可入下焦解毒除疾，祛邪不伤肾阴，因又有涩性，通中寓涩，可缓尿频。配八正散疗热淋，配小蓟饮子疗血淋，往往有意想不到之效。

(3) 清热蠲痹：湿热流注经隧，痹闭不利，症见低热缠绵，舌红、苔腻，关节疼痛，治宜化湿热，通痹着，常用地榆配青蒿、知母、大艽、桂枝、当归等治疗。

(4) 解毒、收敛：为疗烧伤要药，生地榆为末，麻油调敷，可减少渗出，加速愈合。地榆还可疗皮肤湿疹、皮肤溃疡等。

[主要成分] 鞣质、三萜皂苷类、黄酮类。

[药理作用] 本品可使血液黏度增加而止血；对金黄色葡萄球菌、伤寒杆菌、志贺痢疾杆菌、溶血性链球菌有强抗菌活性；抗氧化；抗肿瘤等。

[用量] 牛、马：20~60g；猪、羊：10~20g；禽、兔：1~2g。

槐花（槐米）

槐花（槐米）为豆科落叶乔木槐树之花或蕾（蕾称槐米），生用或炒用。

[性味归经] 苦，微寒。归肝、大肠经。

[功效] 凉血止血。

[应用]

(1) 凉血止血：本品性寒而降，故能清热凉血，尤长于清大肠之热。大肠热盛，湿热蕴结所致之肠风下血最为常用，如槐花散（炒槐花、荆芥炭、炒枳壳、侧柏叶）。

（2）清肝明目：常配夏枯草、菊花、黄芩、石决明等，疗肝火上炎所致目赤肿痛。

[主要成分]　主含芸香苷（芦丁：治高血压），另外有槐花甲素、槐花乙素、槐花丙素。

[药理作用]　扩冠，降低心脏耗氧量，保护心脏；凝集红细胞有止血作用；此外还有抗炎、抗病毒、抗真菌作用。

[用量]　牛、马：20~45g；猪、羊：10~15g；禽、兔：1~2g。

三七

三七为五加科多年生草本植物三七之根。产于云南称滇三七，产于广西称田三七。晒干生用。

[性味归经]　甘、微苦，温。归肝、胃经。

[功效]　散瘀止血，消肿定痛。

[应用]

（1）止血：本品可化瘀止血，且止血而不留瘀。可用于各种出血，如配地榆炭、槐米炭、防风疗血便。配小蓟、生地、茅根炭疗尿血。配阿胶、当归、艾炭，疗子宫出血等。因其性温，血热妄行之出血不宜使用。

（2）活血散瘀，消肿止痛：为跌打损伤之要药，单味为末，撒布伤口疗外伤，可止血定痛。所以三七被誉为“伤科之圣药，止血之神剂，理血之妙品”，可疗一切血证。

[主要成分]　总皂苷、多糖、7种必需氨基酸、止血素（属氨基酸成分）、黄酮类、挥发油等。

[药理作用]　降血压，扩冠，减少心肌耗氧量，抗心肌缺血，抗心律失常；改善微循环抗休克；抑制血小板凝聚，防止血栓形成；增加脑血流量，改善脑缺血区微循环，防脑血栓。

［用量］ 牛、马：15～30g；猪、羊：3～6g；禽、兔：1～2g。

大蓟

大蓟为多年生草本菊科植物大蓟全草。生用或炒炭。

［性味归经］ 甘，凉。归心、肝经。

［功效］ 凉血止血，消散痈肿。

［应用］

（1）凉血止血：主用于血热妄行引起的出血，如尿血、便血、衄血等。因本品还略有活血化瘀之功，所以，凉血止血而不留瘀。炒炭主用于止血。

（2）消肿散结：疗疮痈肿毒，可内服，也可捣碎涂患处。

（3）利尿通淋：主用于湿热黄疸，肾炎等。

［主要成分］ 三萜和甾体类、黄酮和黄酮苷类、挥发油类、长链炔醇类。

［药理作用］ 抗菌（对金黄色葡萄球菌、伤寒杆菌、白喉杆菌、炭疽杆菌等有抑菌活性）、止血（属黄酮苷类的柳穿鱼叶苷，有止血之功）；此外，有抗肿瘤、杀线虫作用。

［用量］ 牛、马：10～60g；猪、羊：10～20g；禽、兔：1～3g。

【附】 小蓟：为多年生草本菊科植物刺儿菜或刻叶刺儿菜全草。甘、凉，入肝经。生用。

［主要功效］ 凉血止血，尤长于吐血和溺血，如疗吐血、咯血的十灰散（侧柏、茜草、小蓟、白茅根、栀子、大黄、牡丹皮、薄荷、棕榈共炒炭）和疗热结血淋的小蓟饮子（生地黄、小蓟、滑石、通草、淡竹叶、藕节、当归、栀子仁、甘草）。

［用量］ 牛、马：20～60g；猪、羊：10～15g；禽、兔：1～3g。

仙鹤草

仙鹤草为蔷薇科多年生草本植物龙芽草之全草。生用。

[性味归经]　苦、涩，平。归肺、肝、脾经。

[功效]　收敛止血，解毒疗疮、杀虫。

[应用]

(1) 收敛止血：主用于各种出血，可单用也可配伍其他止血药用，如配伍茜草、侧柏叶、大蓟等。

(2) 解毒疗疮，治痢杀虫：可疗疮痈，疗久痢，又可杀绦虫、血吸虫、蛔虫、疟原虫、阿米巴原虫、阴道滴虫等。

[主要成分]　三萜皂苷类、黄酮类、糖苷、鞣质、有机酸、挥发油、酚类（仙鹤草酚 、均苯三酚衍生物）。

[药理作用]　止血、抗菌（对金黄色葡萄球菌、大肠杆菌、伤寒杆菌等有抗菌活性），抗麻疹和乙肝病毒，预防钩端螺旋体病。

[用量]　牛、马：30~60g；猪、羊：10~15g；禽、兔：1~1.5g。

六、温里药

温里祛寒，治疗里寒证的一类药物称温里药。对寒客脾胃之腹痛泻痢，寒饮阻肺之咳痰稀白，寒凝肝经之寒疝腹痛，肾阳虚亏之腰膝冷痛、尿频、阳痿及亡阳证之大汗淋漓等，均可斟用本品。但本类药物辛热燥烈，易伤阴助火，所以热证、阴虚之畜禽忌用或少用。

附子

附子为毛茛科多年生草本植物乌头的侧根。母根称乌头，附乌头而生的侧根称附子，不生侧根母根独生称天雄。因炮制法不同，又有盐附子、淡附子、黑附子、熟附子等名称。

[性味归经] 辛、甘，大热。归心、肾、脾经。

[功效] 回阳救逆，温肾助阳，祛寒止痛。

[应用]

(1) 回阳救逆：脉微欲绝，四肢厥逆，大汗亡阳之危证，附子能助心阳通脉，助卫阳固表，心阳复则阳气四布，卫表固则汗漏自止，所以，附子为回阳救脱要药，如参附汤（人参、附子）。

(2) 温助肾阳：本品大补真火，能追复散失之元阳，故多用于命门火衰，下元虚冷引起的宫寒不孕、精冷不兴、肾冷拖腰、肾虚作泻等，如四逆汤（附子、肉桂、干姜）。

(3) 温中散寒：中焦虚寒，脾阳失健，运化失职所致的肚腹疼痛，泻下不止。附子除寒邪，温中阳，如附子理中汤（附子、党参、白术、干姜、甘草）。

[主要成分] 乌头碱、次乌头碱、中乌头碱。

[药理作用] 增加冠脉血流量和心肌收缩力，有强心功能；抗炎镇痛，抗衰老；免疫增强功能。

[用量] 牛、马：15~30g；猪、羊：3~10g；禽、兔：0.5~1g。

【附】 医书载：①附子味辛大热，纯阳之品，走而不守，能自上而下，出表入里，既走气分又走血分，引补气药行十二经，以追复散失之元阳，引补血药入血分，以滋养不足之真阴，引发散药开腠理，以逐在表之风寒，引温暖药达下焦，以祛除在里之寒邪。但附子独任为难，必与他药配伍，如配人参、炙甘草、干姜、大黄之类，方可制其刚，而济其勇。②附子上助心阳，中温脾土，下补肾命，开避群阴，迎阳归舍，果有真寒，无所不治。

肉桂

肉桂为樟科常绿乔木桂树之干燥皮。主干的皮称板桂，中等枝皮称官桂。含油多的主干皮称紫油桂。越南进口者称交趾桂。刮去栓皮用。

[性味归经]　苦、辛，大热。归肾、脾、心、肝经。

[功效]　温中补阳，散寒止痛。

[应用]

(1) 补火助阳：本品辛、甘，大热，纯阳之品，辛热散寒邪，甘温补脾肾，其性下行，所以能补命门相火，益火消阴，助全身阳气。有“温下元补肾命功近附子”之说。凡阳虚之证，不管是心阳、肾阳或脾阳，都可选用，且常与附子相须而用。

(2) 散寒止痛：胃肠实寒证和脾阳虚寒证，肉桂均为常用之品，有“暖脾胃功似干姜之说”。肉桂色紫入血分，故最长于化寒凝，暖营血，温运阳气，鼓舞气血生长，于补血药中加适量肉桂，阳生阴长，利于补血。常用于寒凝血瘀疼痛，如脘腹虚寒疼痛、血瘀阴寒经痛等。

(3) 引火归原：肾阴暗耗，阴液亏损，不能潜阳，火亢旺于上，出现虚火上炎、阴虚火旺之证。此火是因肾水过耗，命火离宅，浮越于上所致，是无根、浮游之火。治宜壮水制火，在滋水药中加肉桂，能导龙入海，引火归原，如肾气丸（六味地黄丸加附子、肉桂）。

[主要成分]　挥发油或桂皮油（冰片烯、龙脑、肉桂醛等）、多糖类、倍半萜和二萜及其糖苷类、黄烷醇及其多聚体。

[药理作用]　抑制因应激诱发的胃及十二指肠溃疡；扩张全身血管，降压，预防血栓形成；增强免疫作用；镇痛作用；对皮肤癣和深部真菌有抑杀作用。

[用量]　牛、马：25~30g；猪、羊：3~10g；禽、兔：0.5~1g。

【附】

(1) 附子、肉桂都补火助阳，但肉桂回阳救逆之力弱于附子，多与附子相配，作为回阳救逆辅助药，疗命门火衰所致之腰膝冷痛，肾虚水泛等证。

（2）附子、肉桂都能散寒止痛，用于多种受寒疼痛，而附子多用于风湿痹痛，肉桂入血分疗血瘀作痛。

干姜

干姜为姜科多年生草本植物姜的根茎。晒干生用。

[性味归经] 辛，热。归心、肺、脾、胃经。

[功效] 回阳，温中，温肺化痰。

[应用]

（1）回阳通脉：干姜大辛大热，纯阳之品，故能除里寒而回阳。多与附子相配，作为辅助药，疗阳虚欲脱之症。附子入肾，增强肾中阳气，回阳救逆，干姜入心，回阳通脉，振奋心阳，挽救脉微欲绝。

（2）温中散寒：本品温脾胃之阳，散中焦之寒，为疗脏寒要药。只要脾胃有寒，不管实寒、虚寒，也不管表现为疼痛、胀满、腹泻、呕吐、消化不良，皆可使用。治疗脾胃受寒伤水起卧（肠痉挛）及中焦虚寒胃失和降出现的呕吐不食，干姜为必选之品，尤以炮姜为佳。

（3）温肺化饮：脾阳虚寒，津液失布，肺金寒盛，水道失调，则水饮内停，阻遏于肺，引发痰饮咳喘。干姜可温肺化饮，如小青龙汤（麻黄、细辛、白芍、干姜、桂枝、半夏、五味子、甘草）。

（4）温中止血：脾阳失健，统摄无权，气不摄血，引起的虚寒性吐、衄、便血及血崩，炮姜入血分，固守中宫，温中阳而摄血。如配棕榈炭、乌梅炭、艾叶治血崩。

（5）热病佐使：疗湿热痢疾，用黄连、大黄、黄芩、秦皮、木香、白芍之方中加干姜反佐，以防苦寒太过伤阳气。

［主要成分］　多种挥发油（如萜烯、月桂烯、芳樟醇等）。

［药理作用］　抗炎、镇痛、抗缺氧、改善局部血液循环、抗溃疡。

［用量］　牛、马：30~60g（干姜）；猪、羊：10~15g；禽、兔：1~3g（生姜0.3~1g）。

【附】

(1) 姜有生姜、干姜、炮姜之分，生姜（子姜）走而不守，主用于温中止呕，发汗解表。干姜：干燥母姜，又守又走，主用于回阳救逆，温中散寒。炮姜：守而不走，固守中宫，主用于温中止泻，固脱止血。生姜皮：利水消肿。

(2) 三药区别：附子，走气分壮全身之阳，回阳救逆，暖中下焦，补肾命。干姜，暖中上焦，温化寒饮，回阳救逆。肉桂，温中下焦，入血分暖营血。

高良姜

高良姜为姜科多年生草本植物高良姜之干燥根茎。主产于广东高良，故得名。晒干生用。

［性味归经］　辛，热。归脾、胃经。

［功效］　散寒止痛，温中止呕。

［应用］　本品辛，温，入脾、胃经，为温中暖胃，散寒止痛之专药。尤以散胃之寒，治寒邪伤中，气机失畅引起的胃寒作痛及胃冷吐涎。治胃寒作痛常配香附子，如良附丸（高良姜、香附子）。

［主要成分］　黄酮类（槲皮素、山柰素、高良姜素等）、挥发油（樟脑、萜烯等）、二苯基庚烷类（姜黄素等）、糖苷类。

［药理作用］　抗氧化、抗溃疡、止呕、抗腹泻、镇痛、抗炎、抗血凝、抗血栓形成、免疫增强剂。

［用量］　牛、马：15~30g；猪、羊：10~15g；禽、兔：0.3~1.0g。

小茴香

小茴香为伞形科多年生草本植物小茴香成熟种子。生用或盐水炒用。

[性味归经] 辛，温。归肝、肾、脾、胃经。

[功效] 祛寒止痛，理气和胃。

[应用] 温里散寒，行气止痛：本品辛温，入肝、肾，走下焦，善治阴寒内盛，特别是肝脉之寒所致之寒疝及宫冷。本品又入脾、胃走中焦，温中散寒，疗寒滞中焦，气机不畅引起的肚腹胀痛。

[主要成分] 脂肪油（油酸、亚油酸等）、挥发油（茴香醚、茴香酮、茴香醛等）、甾醇和糖苷、氨基酸（谷、脯、精氨酸等）

[药理作用] 抑菌（对金黄色葡萄球菌、大肠杆菌有抑制活性）、保肝、利胆、利尿、促进胃肠蠕动等。

[用量] 牛、马：15~30g；猪、羊：3~10g；禽、兔：0.5~2g。

【附】十滴水（急救水）：由樟脑25g、干姜25g、大黄20g、小茴香10g、肉桂10g、辣椒5g、桉油12.5mL。70%乙醇溶液渗漉，使总量1 000mL。拌料用，预防鸡中暑。

吴茱萸

吴茱萸为芸香科小乔木吴茱萸未成熟种子。生用或甘草水浸泡后用（淡吴萸）。

[性味归经] 辛、苦，热。归肝、脾、胃、肾经。

[功效] 温中止痛，降逆止呕。

[应用] 本品能疏肝暖脾，温经散寒，疗肝脉受寒的头痛、腹痛，如肝脉厥阴之寒所致之寒疝、子宫寒冷及行经作痛；又能温中散寒，疗因脾胃受寒引起的胃寒流涎、胃冷呕吐及脾肾虚寒泻下，如四神丸。

[主要成分] 生物碱类（吲哚类生物碱、喹诺酮类生物

碱)、苦味素(如柠檬苦素)、挥发油(月桂烯、柠檬烯等)。

[药理作用] 止呕、止泻、抗胃溃疡、镇痛抗炎、抑菌(金黄色葡萄球菌、绿脓杆菌、多种皮肤真菌)。

[用量] 牛、马:10~30g;猪、羊:3~10g;禽、兔:0.5~2g。

艾叶

艾叶为菊科多年生草本植物艾的干燥叶。蕲州产者良,故又名蕲艾。生用、炒炭或制绒用。

[性味归经] 苦、辛,温。归肝、脾、肾经。

[功效] 温经止血,安胎,理气血,逐寒湿。

[应用]

(1) 散寒除湿:艾叶气温,入肝、肾经,可温暖下焦,疗寒湿凝滞导致的下腹疼痛、寒凝疝痛。

(2) 温经止血:本品性温而香,可暖气血而温经脉,除寒湿而止痛,再加艾叶守而不走,主暖下焦。下焦虚寒性经寒不调、宫冷不孕、胎动不安、胎漏下血等为必选之品。有"主漏下之疾,为经带之剂,产科要药"之美称。著名安胎止血方"艾胶四物汤"为艾叶、阿胶加四物汤组成。

(3) 艾可加工为艾绒,作灸用,能温通经脉,行气止痛,祛除寒湿,保健防病。艾灸"透诸经而治百病"。

(4) 消毒杀菌:艾绒单味(或艾叶3份、石菖蒲1份、苍术1份)制成熏蒸剂,气味芬芳对人畜无害,每平方米用5g,每次熏蒸0.5~1小时,平时每月1~2次,梅雨或流感高发期每周1~2次,可显著减少禽畜舍内病原微生物数量,并能增强畜禽的抗病力和健康度。

[主要成分] 主为挥发油(芹烯、荜澄茄烯、菠烯、坎烯等),另外有黄酮、多糖。

[药理作用] 抗菌、抗毒(对化脓菌、真菌、流感病毒、

腺病毒等有抑制功能)；止咳、祛痰、平喘；利胆；清除自由基等。

［用量］ 牛、马：15~45g；猪、羊：6~12g；禽、兔：1~1.5g。

七、止咳化痰平喘药

能祛痰、消痰、治疗痰证之药为化痰药。以制止或减轻咳喘为主的药物称止咳平喘药。由于化痰药多能止咳平喘，止咳平喘药亦多兼化痰之功，故多一并论述。

痰是致病因子，是水液代谢的病理产物。痰病的范围十分广泛，分有形之痰和无形之痰，“无痰不生咳”，指的是有形之痰，是痰湿停阻于肺系，使肺失清宣而咳嗽流鼻。“无痰不作眩”，指的是无形之痰，是痰迷心窍，痰火扰心一类病症。

痰一旦生成，便可随气升降，流窜全身，停聚各处，或阻滞气机或损伤内脏，发为多种疾患。痰上蒙清窍则眩晕；留阻于心则心悸；肝风挟痰症见抽搐；阻于经络则肢体麻木。一切顽固之病皆因痰，百病多因痰作祟。

痰与饮，异名同类，仅稀稠不同，均湿聚而成，故常痰饮并称。湿源于脾，有“肺为贮痰之器，脾为生痰之源”之说，所以治痰要治脾。痰随气升降，气壅痰聚，气顺则痰消，所以治痰必治气。

痰证有热痰、寒痰、湿痰、风痰之分，热痰宜清热化痰、寒痰宜温阳化痰、湿痰宜燥湿化痰、燥痰宜润燥化痰、风痰宜祛风化痰，必须辨清证型，再立方选药，如半夏消寒痰，贝母清热痰，经纬各殊，不可用差。

咳嗽可分外感风寒咳嗽、外感风热咳嗽、劳伤咳嗽、热咳与寒咳。外感风寒咳嗽治宜辛温解表；外感风热咳嗽治宜辛凉解表；劳伤咳嗽治必配补养之品；热咳宜清热化痰止咳；寒咳宜宣肺化饮止咳。

喘证有虚实之分，实喘宜平、宜降，宜肃肺降肺。虚喘多因肺、肾虚亏，宜补肺气、纳肾气。

本类药物可分为清热化痰、温化寒痰和止咳化痰平喘三类。

（一）清化热痰药

此类药物药性寒凉，主要功效是清化热痰。痰热郁肺引起的咳喘不止，痰液黏稠，难以咳出，用本类药物最为对症。火热盛时与清热泻火药配伍；阴虚肺燥者，与养阴润肺药配伍。

桔梗

桔梗为桔梗科多年生草本植物桔梗之根。晒干生用。

[性味归经]　苦、辛，平。归肺经。

[功效]　开宣肺气，祛痰排脓。

[应用]

(1) 祛痰止咳：本品味辛而苦，具辛开苦泄之性，色白入肺，故为“开宣肺气之圣药”。肺气失宣所致的痰多咳嗽，不分证型、不管偏寒偏热、有外感或无外感皆可选用，如疗风寒咳嗽的荆防败毒散和疗风热咳嗽的银翘散方中都有桔梗。风热犯肺引起的肺热咳喘，也常用桔梗配伍清肺润肺药治疗。

(2) 利咽：喉为肺系，所以桔梗又长于疗咽喉肿痛。凡邪滞喉咽，气血不得宣通所致之咽喉疼痛，不分寒热虚实，桔梗多为必选之品。外感风热肺气郁闭之咽痛，配伍疏风清热药，如金银花、连翘；热毒壅盛之咽痛配伍清热解毒药，如疗温毒炽盛，壅阻于咽喉所致之急性鸡传染性喉气管炎，用经验方“喉气散”(桔梗、板蓝根、山豆根、元参、鱼腥草、雄黄、冰片、黄芩、金银花、连翘、浙贝、甘草)；阴虚火旺，上灼咽喉之咽痛，配伍滋阴降火药，如玄麦甘桔汤（玄参、麦冬、甘草、桔梗）。

(3) 排脓：为疗肺痈、肠痈要药，如疗肺痈主方加味苇茎汤（苇茎、冬瓜仁、桃仁、薏苡仁、鱼腥草、桔梗、甘草）。

［主要成分］ 三萜皂苷类（主为齐墩果烯型五环三萜皂苷）、黄酮类、甾体类（β-谷甾醇、白桦酯醇等）、多糖类、氨基酸（含16种氨基酸其中8种为必需）。

［药理作用］ 祛痰、镇咳、抗炎、抗过敏、解热镇痛、降压、扩张血管等。

［用量］ 牛、马：15~40g；猪、羊：3~10g；禽、兔：1~1.5g。

贝母

贝母为百合科多年生草本植物贝母的块根。产于四川为川贝（尖贝），产于浙江叫浙贝，也叫象贝或大贝。晒干生用。

［性味归经］ 川贝母苦、甘，微寒；浙贝母苦，寒。归肺、心经。

［功效］ 化痰止咳，清热散结。

［应用］

（1）清化热痰：川贝、浙贝均清热化痰。但川贝甘润，长于滋润肺阴，宜用于燥热伤肺或久病虚火刑金，阴虚火旺之燥咳。浙贝苦泄，长于清热化痰，适用于外感风热、痰火郁肺引发的急性肺燥咳嗽。

（2）清热散结：浙贝苦寒，能清热散结。热毒结聚，痰火固结引起的瘰疬疮肿。如配蒲公英、紫花地丁、瓜蒌等疗乳痈。所以，浙贝有“疮之圣药”之称。

［主要成分］ 含数十种生物碱。

［药理作用］ 祛痰、平喘、镇咳、镇静、镇痛、降压、抗溃疡、抗红细胞凝集、抑菌（对金黄色葡萄球菌、链球菌、肺炎球菌有抑菌活性）。

［用量］ 牛、马：15~30g；猪、羊：3~10g；禽、兔：1~1.5g

瓜蒌

瓜蒌为葫芦科多年生草质藤本植物瓜蒌成熟果实。因全瓜蒌的瓤含糖多不易保存，临床常用其皮和仁。仁去油后称蒌仁霜。生用或炒用。其根称天花粉。

[性味归经]　甘，寒。归肺、胃、大肠经。

[功效]　清热化痰，宽胸散结。

[应用]

(1) 清泻肺热：本品味甘气寒，其性降下，具清润之力，入肺经，善清肺润燥祛痰。金受火逼，肺失降下，煎熬痰液，痰稠胶黏，难咳之燥咳，瓜蒌用之最宜，如清气化痰散（陈皮、半夏、茯苓、枳实、杏仁、黄芩、瓜蒌仁、胆南星、生姜）。

(2) 散结消肿：为常用疗乳痈之品，如配当归、乳香、没药、生草、浙贝、蒲公英、紫花地丁、王不留行、穿山甲疗乳痈捷效。

(3) 润肠通便（仁最佳）：本品入肺、胃、大肠经，上清肺胃之热，下润大肠通便，瓜蒌仁常与麻仁、郁李仁、枳壳配伍，疗肠燥便秘。

(4) 宽胸（扩冠功能）：痰浊凝结胸中，闭阻胸阳，胸阳不通，心脉闭阻，引发胸痹、胸闷、胸痛，瓜蒌能消痰利气，宽胸散结。有"瓜蒌堕痰推墙倒壁"之说。常配薤白，宣通阳气，调畅气机，疗冠心病。

【附 1】　瓜蒌皮清肺化痰，利气宽胸；瓜蒌仁润燥化痰，滑肠通便；全瓜蒌兼具皮、仁功效。

[主要成分]　油脂及有机酸类（富马酸、亚油酸、棕榈酸等）、黄酮及其苷类、三萜、甾体及其苷类（如齐墩果酸）、甾醇类化合物、蛋白质和氨基酸等。

[药理作用]　扩张冠脉血管、抗心肌缺血、改善微循环、抗心律失常、耐缺氧、抑制血小板聚集、降血中胆固醇。

[用量] 牛、马：30 ~ 60g ；猪、羊：12 ~ 15g；禽、兔：0. 5 ~ 1. 5g。

【附 2】 天花粉：天花粉为瓜蒌之根。

[性味归经] 苦、酸，寒。归肺、胃经。

[功效] 清肺化痰，养胃生津。

[应用]

(1) 清化热痰：本品气寒。入肺经，故能清肺化痰，主用于肺热咳嗽。

(2) 养胃生津，主用于热证津伤。

(3) 疗疮痈肿毒。

[主要成分] 天花粉蛋白。

[药理作用] 引产、抗肿瘤、抗病毒（乙脑病毒、麻疹病毒等)、抗真菌；对 T 淋巴细胞的增殖、分化 、凋亡有调节功能。

[用量] 牛、马：15 ~ 30g ；猪、羊：12 ~ 15g；禽、兔：1 ~ 2g。

前胡

前胡为伞形科多年生草本植物白花前胡和紫花前胡的根。信阳产者良。生用。

[性味归经] 苦、辛，微寒 。归肺经。

[功效] 降气祛痰，宣散风热。

[应用]

(1) 降气祛痰、止咳：本品味苦入肺经，能泻肺降痰，为疗痰要药，痰多咳嗽不分热虚实皆可选用，很似桔梗。如配杏仁、桑皮、贝母疗肺气不降、热郁于肺的咳嗽喘满。

(2) 宣散风热：味辛气寒，散风热，但疏散之力不强，外感风热兼咳喘痰多时用之最宜，如前胡散（前胡、桑白皮、贝母、麦冬、杏仁、甘草、生姜)。

[主要成分] 紫花前胡主含前胡苷、挥发油、糖类、鞣质；白花前胡主含香豆素。

[药理作用] 降气化痰镇咳、抗炎、抗过敏、解痉、抗溃疡、抗血小板凝聚、抗心律失常。

[用量] 牛、马：15~30g；猪、羊：6~12g；禽、兔：1~3g。

葶苈子

葶苈子为十字花科二年生草本植物播娘蒿（北葶苈）和腺茎独行菜（南葶苈）的成熟种子。微炒用。

[性味归经] 苦、辛，大寒。归肺、膀胱经。

[功效] 泻肺平喘，利水消肿。

[应用]

(1) 祛痰定喘：本品辛苦大寒，既散肺中无形之热，又祛肺中有形之痰。痰涎阻肺所致之咳逆实证，有下气定喘之功。本品与麻黄、桑皮、大黄、杏仁、苏子配伍，可协同治疗咳喘。

(2) 泻肺行水：肺为水之上源，肺气壅滞，膀胱气化失职，湿停水泛。本品可泻肺气之闭，行膀胱之水，有“行水之力不减硝黄”之说。常用于疗水肿实证如胸水、腹水。

[主要成分] 挥发油（主要是异硫氰酸类）、脂肪油（肉豆蔻酸、棕榈酸等）、强心苷类。

[药理作用] 止咳平喘、强心利尿、调节血脂。

[用量] 牛、马：30~60g；猪、羊：10~15g；禽、兔：0.5~1g。

竹茹

竹茹为禾本科植物淡竹的杆，去掉绿的表皮后所刮下的纤维。晒干生用或姜汁炒用。

[性味归经] 甘、微寒。归肺、胃、胆经。

[功效] 清化热痰，除烦止呕。

[应用]

(1) 清热化痰：能清肺经热痰，疗肺热咳嗽，咳痰黄稠。常与瓜蒌、黄芩、桑白皮配伍。又能清心、肝二经热痰，痰热闭阻心窍，表现为心烦不安，重则神志失用；肝风挟痰，表现为痉挛抽搐，惊风中风。

(2) 清胃止呕：竹茹清胃热，降胃气，疗胃热呕吐。

【附】 天竺黄：为苦竹、淡竹嫩时生病后分泌的液汁凝结物，凝聚于节间。老竹劈开，取出晾干用。

[性味归经] 甘，寒。归心、肝、胆经。

[功效] 清热化痰，清心定惊。

[应用] 清热化痰，清心定惊：本品性寒，能清热降火，味甘善润而守中，故祛邪而不伤正，入肝心经，所以能清热豁痰，凉心血，安心神。临床上，黏痰胶结引起的肺热咳喘或痰阻心窍、心气不通引起的狂走急惊，四肢抽搐，均可选天竺黄。如配瓜蒌、贝母等疗肺热痰多咳喘；配朱砂、僵蚕、牛黄、黄连、郁金、半夏、陈皮、栀子、全蝎清热定惊，化痰息风，疗癫证。

[主要成分] 含氢氧化钾、硅土、三氧化二铝、三氧化二铁。

[药理作用] 定惊。

[用量] 牛、马：20~45g；猪、羊：6~10g；禽、兔：0.3~1g。

(二) 温化寒痰药

温化寒痰类药物，性温而燥，能温肺祛寒，燥湿化痰。寒痰、湿痰所致之痰多而稀薄，咳嗽气喘，最为对症。临床上多与温散寒邪，健脾燥湿药物配伍。

半夏

半夏为南星科多年生草本植物半夏之块根。生半夏有小毒。

[性味归经]　辛，温。归脾、胃、肺经。

[功效]　燥湿化痰，降逆止呕，消痞散结。

[应用]

(1) 燥湿化痰、止咳：半夏性温而燥，为脾所喜，既能祛痰，又能消痰，为治痰、止咳妙药，有“脾胃湿滞，涎化为痰，非半夏不治”之说。湿痰引起的咳嗽，半夏能促进呼吸道内痰的咳出，如二陈汤。半夏不但治寒痰、湿痰，与清热化痰药配伍后，亦可治疗热痰，但痰稠而黏之燥痰，不宜用半夏。

(2) 降逆止呕：本品质重性沉，善降胃气，入脾胃涤痰而除垢，痰祛脾自健，胃和呕自除。寒湿阻于胃府之呕吐，用半夏止呕最佳，有“胃冷呕秽，以生半夏最佳”之说。但，经适当配伍后，也可用于其他呕吐，如配清胃药黄连、竹茹疗热呕，配补气药香砂六君子汤疗虚呕。

(3) 消痞散结：半夏大辛，擅开泄气机，使胶结难化湿痰分解，气机得以调畅，胸脘之痞得以消除。常配竹茹、桔梗、枳壳等，疗胸脘痞痛。

[主要成分]　生物碱（如左旋麻黄碱）、β-谷甾醇、挥发油（柠檬醛、茴香脑）、多糖、氨基酸（16 种，必需氨基酸 7 种，如赖氨酸、组氨酸、精氨酸等）。

[药理作用]　镇咳、祛痰、止呕、抑制胃溃疡。半夏有小毒，其所含草酸钙晶针可刺激胃或嗉囊黏膜，引起呕吐。

[用量]　牛、马：15～30g；猪、羊：3～10g；禽、兔：0.5～1g。

【附】　100kg 半夏、1kg 明矾、甘草 10kg（煎汤）、石灰 20kg 浸泡至无麻味，为法半夏。半夏 100kg、姜 25kg、明矾 12.5kg 浸泡为姜半夏。半夏 100kg、明矾 12.5kg 浸泡为清半夏。半夏加生姜为末，经发酵而成为半夏曲。

天南星

天南星为南星科多年生草本植物天南星的块根。晒干为生南星，生南星用白矾水浸泡，再与生姜共煮后，晒干为制南星。

制南星研末，牛胆汁拌浸，放阴凉处至褐色，装入胆囊内，为胆南星。

[性味归经] 苦、辛，温；有毒。归肺、肝、脾经。

[功效] 燥湿化痰，祛风止痉。

[应用]

(1) 祛风解惊（制南星）：本品辛温而散，开泄走窜，疏通经络，善祛经络之痰。常用于治疗半身不遂、破伤风、惊风。

(2) 燥湿化痰（胆南星）：常用于风痰、顽痰咳嗽，亦用于热痰引起的癫痫。

[主要成分] 生物碱、甾醇类、有机酸等。

[药理作用] 镇静、抗惊厥、镇痛、抗炎、抗心律不齐。

[用量] 牛、马：15~25g；猪、羊：3~10g；禽、兔：0.5~1g。

（三）止咳平喘药

以止咳平喘为主要功效的药物，称止咳平喘药。咳喘病症复杂，有干咳无痰，有咳痰黏稠或清稀，有外感咳喘，有劳伤咳喘，寒热虚实各不相同，必须选择适宜药物配伍治疗。

杏仁

杏仁为蔷薇科落叶乔木杏树成熟果仁，称苦杏仁。晒干生用。

[性味归经] 苦，微温。归肺、大肠经。

[功效] 止咳平喘，润肠通便。

[应用]

(1) 止咳平喘：本品苦能降下，入肺经，能降肺气，气降痰自消，所以杏仁有“肺经之专药，润肺止咳要剂”之称。疗咳喘不分寒热、虚实，外感或内伤，如疗咳喘痰稀，外感凉燥证，用杏苏散（苏叶、半夏、茯苓、甘草、前胡、桔梗、枳壳、陈皮、杏仁、大枣）；疗外感风热，咳重热轻（体温不高）用桑菊饮（桑叶、菊花、杏仁、连翘、薄荷、桔梗、芦根、甘草）；疗外感燥热，干咳无痰用桑杏汤（桑叶、杏仁、沙参、浙贝、栀子、梨皮、淡豆豉）。适当配伍补肺气、养肺阴药物又可疗肺气虚、肺阴虚出现的咳喘。杏仁无祛痰作用，痰多时要注意配伍祛痰剂。

（2）宣通二便：杏仁体润，苦能降肺气，所以能开气秘，润肠通二便，如枳杏丸。

（3）开音利咽：杏仁宣肺气，通咽喉，启动声门。风寒郁肺，“金实不鸣”时，可用杏仁配桂枝、蝉衣治疗。

［主要成分］　苦杏仁苷、苦杏仁酶、脂肪油（苦杏仁油）。

［药理作用］　镇咳、平喘、润肠通便。有效成分苦杏仁苷，被苦杏仁酶水解为苦杏仁腈，再水解为氰氢酸和苯甲醛，氰氢酸有镇咳平喘之效。但氰氢酸有毒，过量可中毒。

［用量］　牛、马：25~45g；猪、羊：5~15g；禽、兔：1~2g。

桑白皮

桑白皮为桑科落叶乔木桑之根皮。晒干生用。

［性味归经］　甘，寒。归肺经。

［功效］　泻肺平喘，利尿消肿。

［应用］

（1）清肺平喘：本品性寒清火，色白入肺，故能泻肺热，下气平喘，特别是能泻肺行水而消痰，且又能养阴，肺热咳嗽，肺阴初伤兼痰盛者，用之最宜。如泻白散（桑白皮、地骨皮）。

（2）利水消肿：桑白皮泻肺故能通调水道，有明显利尿作用，最适于湿热水肿，不管是肾性或心性。如五皮饮。

(3) 桑树全树皆药，除桑根白皮外，还有霜桑叶，可散风寒，疗目疾；桑葚，滋阴补血，治肝肾阴虚；桑枝，祛风通络，利关节，治风湿痹痛。

[主要成分] 总黄酮（桑根酮、桑色醇、桑皮素等）、桑根壳聚糖等。

[药理作用] 镇咳祛痰平喘；镇痛抗炎；抗血小板凝聚；扩张血管；利尿；抗癌、增强免疫功能（壳聚糖）。

[用量] 牛、马：15~60g；猪、羊：6~12g；禽、兔：1~2g。

款冬花

款冬花为菊科多年生草本植物款冬花的花蕾。生用或蜜炙。

[性味归经] 辛，温。归肺经。

[功效] 止咳化痰。

[应用] 款冬花辛温入肺，故能温散肺寒，宣通肺气。又因其温而不燥，特别是炙后富有润性，使本药有邪可散，散而不泄，无邪可润，润而不寒，为最平和止咳平喘药。有“温肺理嗽药之最”之说。临床上多用于寒嗽。

[主要成分] 倍半萜及三萜类（冬花酮、冬花素等）、黄酮苷类（槲皮素、橙皮苷）、甾醇类（如β-谷甾醇）、生物碱、有机酸、挥发油等。

[药理作用] 镇咳、祛痰、平喘；镇痛、抗炎；抗血小板凝聚；抑制溃疡。

[用量] 牛、马：15~45g；猪、羊：3~10g；禽、兔：0.5~1.5g。

紫菀

紫菀为菊科多年生草本植物紫菀之根。生用或蜜炙。

[性味归经] 苦、甘，微温。归肺经。

[功效] 化痰止咳。

[应用] 紫菀，辛散苦降，温能宣滞，故能宣肺下气行痰，化痰之力最强。为最常用化痰止咳药，特别是痰中带血最为对症，如止嗽散（紫菀、百部、白前、陈皮、荆芥、桔梗、甘草）。炙后润肺之力增强，可用于燥咳。

[主要成分] 皂苷、紫菀酮、有机酸等。

[药理作用] 对 G^-菌有抗菌活性。

[用量] 牛、马：15~35g；猪、羊：6~12g；禽、兔：1~2g。

【附】 款冬花、紫菀皆祛痰止咳，款冬花止咳力强，且多用于劳伤咳喘。紫菀化痰力强，且主用于带血痰咳喘。

马兜铃

马兜铃为马兜铃科多年生落叶藤本植物马兜铃之果实。生用或蜜炙。

[性味归经] 苦、微辛，寒。归肺、大肠经。

[功效] 清肺化痰，止咳平喘。

[应用] 本品辛寒散肺热，苦寒降肺气，热邪除，肺清肃，咳喘自止。常用于肺热兼痰多嗽喘。肺阴虚热咳，亦可与养肺阴药配伍治疗。

[主要成分] 马兜铃酸、马兜铃次酸等。

[药理作用] 祛痰作用。

[用量] 牛、马：25~30g；猪、羊：3~10g；禽、兔：1~2g。

八、泻下药

凡能攻积、逐水，引起腹泻或润肠通便，促进排便之类药物称泻下药。以其药性可分为攻下、润下和逐水三类。

（一）攻下药

攻下药多味苦而寒，药力峻猛，奏效迅速。除能泻下通便，治疗便秘外，更主要的是能攻积导滞、清导实热。临床上见草料积滞、湿热阻滞、热毒痢疾、热结旁流，需急下存阴之证时，攻下药为必用之品；温热证热毒内蕴，用攻下药能清导实热，釜底抽薪。但攻下药易伤正气，邪实正气不虚时宜用，久病或产后体虚者要慎用。另外治疗便秘时配伍行气药，能起到事半功倍之效。

大黄

大黄为蓼科多年生草本植物大黄之根。本品能推陈出新，荡涤胃肠，其“斩关夺门致太平”，有“将军”之称。生用，或酒制，蒸熟，炒黑用。

[性味归经]　苦，寒。归脾、胃、大肠、肝、心包经。

[功效]　攻积导滞，泻火凉血，活血祛瘀，利胆退黄。

[应用]

(1) 攻积导滞、泻下通便：大黄大苦大寒，走而不守，直降下行，攻下力极强，荡涤积垢，无坚不摧，特别是生用气锐先行，入阳明胃肠，泻胃肠积热食滞。主用于胃肠积滞、大便秘结、肠黄痢疾，为最常用的苦寒攻下药。攻下积滞时，要配伍行气药，如大承气汤（大黄、芒硝、积实、厚朴）。

(2) 泻火解毒：大黄清导温毒热邪，疗温病气分证和脏腑气分实热证；清泻肝经实火，疗目赤肿痛，如泻青丸（当归、冰片、川芎、栀子、大黄、羌活、防风）；清胃经实火，疗口舌生疮、齿龈肿痛，如清胃散（当归、黄连、生地黄、牡丹皮、升麻、生石膏、大黄）；泻心经实火，疗烦躁不安，如泻心汤（大黄、黄连、黄芩）。

(3) 凉血止血，活血化瘀：大黄气寒，入心经，走血分，既能疗温病营血分证；又能疗火热亢盛，迫血妄行引起的各种出血证；还能疗热结血分，血燥血闭引起的瘀滞不行，如产后血瘀、血瘀经痛及跌打损伤性血瘀作痛。

（4）清泄湿热：常用于疗湿热黄疸，湿热毒痢，湿热淋证。

（5）清热解毒：疗各种疮痈，如大黄牡丹皮汤（大黄、牡丹皮、桃仁、芒硝）为疗肠痈初起名方。

（6）大黄炒熟用力缓，不伤正气，能调理胃肠，安和五脏：腑气壅滞，浊阴不下，清阳不升，气机不畅，脏腑不能安和，炒大黄常与炒莱菔子同用，能使气血正常运行，气机升降有序，脏腑通泰安和。现代药理研究证明，大黄炒熟后泻下成分大减，且泻下成分又能于小肠先行吸收，通过血液循环再分泌到大肠促进大肠蠕动，所以炒大黄不影响小肠吸收功能，不耗正气。

（7）外用，如桃花散（见方剂部分）。

[药理作用] 广谱抗菌（对金黄色葡萄球菌、溶血性链球菌、肺炎双球菌、绿脓杆菌等有抗菌作用）、退热、泻下、利胆护肝、退黄、抗炎、止血、改善微循环、增强免疫功能等。

[有效成分] 蒽醌苷类（大黄素、大黄酸、大黄酚）、鞣质。

[用量] 牛、马：20~90g；猪、羊：6~12；禽、兔：1.5~3g。

芒硝

芒硝为海水或盐泉水所含硫酸钠经煎炼，结晶析出而得。又名朴硝，除去结晶水后称元明粉。

[性味归经] 苦、咸，大寒。归脾、胃、大肠经。

[功效] 清热泻火，软坚泻下。

[应用]

（1）清热下泻，软坚导滞：芒硝咸能软坚，苦寒能泄热，所以芒硝有“无坚不摧，无热不荡，勇往直前”之性。常与大黄配伍疗肠中燥结、胃中食滞及肠黄泻痢初起。

（2）苦寒泄热：因苦寒下降故能除火灼而泄热，常用于气分实热证和清心、胃之火。

（3）外用清热：元明粉为口腔科、眼科、喉科常用之品。如冰硼散。

［主要成分］ 硫酸钠。

［药理作用］ 容积性泻剂。

［用量］ 牛、马：60~150g；猪、羊：30~45g；禽、兔：2~5g。

（二）逐水药

逐水药，药性峻猛，通过引起剧烈腹泻以排出体内水分，达其消除水肿、积水或痰饮之目的。本类药物多具毒性不可久服，中病即止；体虚、孕畜禁用。

牵牛子

牵牛子为旋花科一年生植物牵牛的干燥种子。有黑、白两色，故又名黑白丑或二丑。生用或炒用。

［性味归经］ 苦、寒；有毒。归肺、肾、大肠经。

［功效］ 泻下祛积，逐水消肿。

［应用］ 本品苦寒泻下，入肺经，所以生用能泻肺气而导大肠之秘结，并能逐脏腑之水。常用于胃肠实热壅滞的大便不通及水肿胀满实证。炒制后力缓，主用于消积导滞，常配焦三仙、莱菔子、炒槟榔，疗畜禽消化不良。

［主要成分］ 大黄甲醚、大黄素、大黄酚、咖啡酸、咖啡酸乙酯、β-胡萝卜苷、β-谷甾醇。

［药理作用］ 泻下，利尿，兴奋子宫。

［用量］ 牛、马：10~25g；猪、羊：3~9g；禽、兔：0.5~1.5g。

大戟

大戟为茜草科多年生草本植物红芽大戟或大戟科多年生草本植物京大戟之根。醋煮或醋炒后用。

［性味归经］　苦、寒；有毒。归肺、肾、大肠经。

［功效］　泻水逐饮，消肿散结。

［应用］　水湿可甘淡渗之，可苦寒泻之，但水势急迫，势如洪水，渗、泻均力薄不济，必以极苦极辛极寒之逐水剂，以为决渎，则水始平。大戟上泻肺水，下利膀胱，故能泻水逐饮，常配甘遂、芫花疗水饮泛溢的水肿，如胸、腹水。

［主要成分］　红大戟含蒽醌类，京大戟含大戟苷，有似巴豆油和斑蝥素样刺激作用，与醋酸结合后，刺激作用消失。

［药理作用］　泻下作用：京大戟泻下和毒性作用均大于红大戟。红大戟对痢疾杆菌、肺炎双球菌、溶血性链球菌有抑菌作用。

［禁忌］　孕畜及体虚者禁用。反甘草。

［用量］　牛、马：10~15g；猪、羊：2~6g。

甘遂

甘遂为大戟科多年生草本植物甘遂之根。甘者土也，遂者经道也，引经络之水犹如地上开渠，故名甘遂。生用或用醋拌匀炒至微干用，名醋甘遂。

［性味归经］　苦、寒；有毒。归肺、肾、大肠经。

［功效］　泻水逐饮，消肿散结。

［应用］　主泻经络之水，有“水湿第一要药”之称，如疗胸腹积水的十枣汤（芫花、甘遂、大戟、甘草）。

［主要成分］　三萜类（α-大戟醇、γ-大戟醇、大戟二烯醇等）、棕榈酸、柠檬酸、草酸、淀粉等。

［药理作用］　生用泻下作用及毒性都大，醋炙后均相应减弱。

［禁忌］　孕畜及体虚者禁用。反甘草。

［用量］　牛、马：15~25g；猪、羊：2~6g。

芫花

芫花为瑞香科落叶灌木芫花之花蕾。醋炒或醋煮晒干用。

[性味归经] 辛，温；有小毒。归肺、肾、大肠经。

[功效] 泻水逐饮，祛痰止咳。

[应用] 主用于泻水逐饮，因体轻上浮，多用于治上部胸胁之水肿。

[主要成分] 黄酮类（芫花苷、芫根苷、芹菜素）、β-谷甾醇、苯甲酸。

[药理作用] 刺激肠黏膜，小剂量使肠蠕动增强而致泻（大剂量反而抑制肠蠕动）；有利尿作用，与甘草同用利尿和泻下作用均受抑制，而毒性增强；水浸剂有抗真菌作用；祛痰镇咳。

[禁忌] 孕畜及体虚者禁用。反甘草。

[用量] 牛、马：15~25g；猪、羊：2~6g。

（三）润下药

润下药多为植物之果仁类，富含油脂，药力和缓，主借其润滑之力而通便。适于津枯、产后血亏、病后津液未复之便秘。阴虚、血虚便秘时要配伍养阴补血药；有气滞时要配伍行气药。

火麻仁

火麻仁为大麻科一年生草本植物大麻的成熟种仁。晒干用。

[性味归经] 甘，平。归脾、胃、大肠经。

[功效] 润肠通便，滋养补虚。

[应用]

(1) 润肠通便：本品入脾、胃、大肠经，富含油脂，故能润肠通便。主用于血虚津亏，肠燥便秘。

(2) 熟麻仁补中益气。

(3) 润肺止咳，特别是干咳。

[主要成分] 脂肪酸及其酯类（硬脂酸、花生酸等）、木脂

素酰胺类、甾体类、大麻酚类、生物碱类、黄酮及其苷类、蛋白质和酶、氨基酸及微量元素。

[药理作用] 抗胃溃疡，抗炎镇痛，抗衰老，降压，改善记忆功能。

[用量] 牛、马：120~180g；猪、羊：12~18g；禽、兔：1~2g。

郁李仁

郁李仁为蔷薇科落叶灌木欧李、郁李之种仁。晒干用。

[性味、归经] 甘、苦，平。归小肠、大肠经。

[功效] 润肠通便，利水消肿。

[应用]

(1) 本品辛能散行，苦能降泄，甘能润滑，长于导大肠之结气，润大肠之燥涩而通便，主用于肠燥便秘。

(2) 本品能行全身之水气而利水消肿，可用于小便不利，常与冬瓜仁、薏米、茯苓同用。

[主要成分] 苦杏仁苷、蛋白质。

[药理作用] 促进肠胃蠕动、祛痰、抗炎镇痛。

[用量] 牛、马：20~60g；猪、羊：6~12g；禽、兔：1~2g。

蜂蜜

蜂蜜为蜜蜂所酿之花蜜。

[性味归经] 甘，平。归肺、脾、大肠经。

[功效] 生用性凉能清热，熟用性温能补中，甘而和平，故能解毒，柔而濡泽，故能润燥，缓可去急，故能止痛，和可致中，故能调和诸药与甘草同功。

[应用]

(1) 滑润大肠：本品滋润，故能润燥通便，补脾健中，常用于肠燥便秘。

(2) 润肺止咳：本品因具润泽之力，又入肺经，故能润燥止咳，特适于咽燥口干、干咳无痰及肺虚久咳，如“川贝枇杷膏”。

(3) 熟用甘缓补中益气。

(4) 炮制药物之主要辅料。

[主要成分] 转化糖（果糖、葡萄糖）含量极高。还有氨基酸（为牛奶的4~9倍)、维生素、挥发油、无机盐、花粉粒。

[药理作用] 促生长发育，滋补强身，提高机体抵抗力，保护肝脏，缓泻和祛痰作用，收敛创面促进创伤愈合作用。

[用量] 牛、马：120~240g；猪、羊：9~30g；禽、兔：3~10g。

【附】 《本草纲目》载：“蜂蜜入药之功有五：清热也，补中也，解毒也，润燥也，止痛也。”

九、消导药

消者散其积也，导者行其气也。凡能消化草料积滞的药物称消导药，主用于畜禽的消化不良。畜禽消化不良必需审因施治，如脾胃虚弱者要配补脾健胃之品；脾胃有寒者要配温中散寒之味；湿浊内阻者要配芳香化湿之剂；积滞化热者需配连翘之类清热药等。

神曲

神曲为辣蓼、青蒿、杏仁、苍耳草、赤小豆粉与面粉混合后，经发酵加工而成。又称六曲、陈曲，主产福建，故又名建曲。生用或炒用。

[性味归经] 甘、辛，温。归脾、胃经。

[功效] 健胃消食。

[应用] 本品可健脾开胃消积化食。主用于消化不良，食

欲减退。常与麦芽、山楂配伍应用。因加工制作原料中有解表药物，所以，食积兼有外感发热者，用之最宜。

[主要成分]　酵母菌、挥发油、脂肪油、苷类及 B 族维生素。

[药理作用]　对肠道菌群有调整作用；促进损伤肠组织的恢复作用。

[用量]　牛、马：20~60g；猪、羊：10~15g；禽、兔：2~5g。

山楂

山楂为蔷薇科落叶灌木山楂的成熟果实。生用或炒用。

[性味归经]　酸、甘，微温。归脾、胃、肝经。

[功效]　健胃消食，活血化瘀。

[应用]

（1）消积化滞，开胃消食：本品味酸气香，望而生津，食之酸甜，能开胃消食，用于各种饮食积滞，尤善促进油腻肉食消化（含解脂酶）。常配麦芽、神曲、莱菔子疗食滞不化，如保和丸（山楂、神曲、半夏、茯苓 、陈皮、莱菔子、连翘）。

（2）活血化瘀，收敛止痢：用于疗血瘀肿痛、下痢脓血。如常配红糖、当归、赤芍等疗产后腹痛或恶露不尽。

[主要成分]　黄酮类（二氢黄酮、槲皮素、山柰酚等）、黄烷及其聚合物（花青素、儿茶精等）、有机酸类（三萜类的齐墩果酸、熊果酸及其他有机酸如棕榈酸、酒石酸等）。

[药理作用]　增强消化液分泌，促进肠蠕动；降压、扩冠、舒张血管；增强心肌收缩力，增加心血输出量，减慢心率，抗心律不齐；降血脂；抗菌（对金黄色葡萄球菌、大肠杆菌、痢疾杆菌等有抑菌力）。

[用量]　牛、马：20~45g，猪、羊：10~15g；禽、兔：1~2g。

麦芽

麦芽为禾本科二年生草本植物大麦的成熟种子，发芽后的干燥物。生用或炒黄用。

[性味归经] 甘，平。归脾、胃经。

[功效] 健胃消食，回乳。

[应用]

(1) 行气消食，健脾开胃：本品能消食和中，可用于多种饮食积滞，尤善消淀粉类面食。常配山楂、神曲、陈皮疗消化不良；配白术、茯苓、甘草疗脾胃虚弱；幼畜吐乳单用即有效。

(2) 催乳与退乳：小剂量麦芽，可疏肝解郁，消食化滞而催乳，大剂量消散破血力强，耗散气血而回乳。回乳以生用为佳。母猪催乳剂量为每天60~100g；回乳剂量为每天400~500g。

[主要成分] 主含淀粉酶、转化糖酶、蛋白分解酶、维生素B。

[药理作用] 疗慢性结肠炎和慢性肝炎。因含麦角胺类化合物，能抑制催乳素分泌而能回乳。

[用量] 牛、马：20~60g；猪、羊：10~15g；禽、兔：2~5g。

鸡内金

鸡内金为雉科动物鸡肌胃的角质内膜，剥下洗净晒干。生用或炒用。

[性味归经] 甘、辛，温。归脾、胃、小肠、膀胱经。

[功效] 消食积，化结石，涩精止遗。

[应用]

(1) 健脾消食：本品能促进胃肠蠕动和消化液分泌，脾虚兼有消化不良者用之最宜。一般不入汤剂，最好低温下烘干，粉碎后内服。

(2) 生用通淋化石：治砂石淋、尿结石。多与海金沙、金钱草、牛膝同用。

(3) 涩精止遗：配固肾益精的芡实、莲肉、菟丝子可疗遗精。

[主要成分]　胃泌素、角蛋白、多种氨基酸及少量胃蛋白酶。

[药理作用]　促进纤溶，使血栓溶解；改善血液流变学；预防动脉粥样硬化；促进胃的蠕动和排空，促进胃液和胃酸的分泌。

[用量]　牛、马：10～30g；猪、羊：3～6g；禽、兔：1～2g。

莱菔子

莱菔子为十字花科二年生草本植物白萝卜之种子。生用或炒用。

[性味归经]　辛、甘，平。归肺、脾、胃经。

[功效]　消食除胀，祛痰降气。

[应用]

(1) 消食除胀（炒用）：本品味辛，故能行气开郁除胀，本品虽不含消化酶，但能促进胃肠蠕动故能消食，且各种饮食积滞都可用。莱菔子又能行气，饮食积滞兼有脾胃气滞，肚腹胀满时用之最宜。莱菔子耗气明显，脾气虚引起的食积不化，肚腹胀满，需适当配伍健脾补气之品，如党参、白术等。本品与山楂、麦芽、神曲、鸡内金配伍其消导之力更强，胃有热时可再配全连翘、黄连，如保和丸。

(2) 降气祛痰（生用）：疗痰饮停留，咳嗽痰喘，特别痰涎壅盛者最宜。化痰常配白芥子、苏子、半夏等。

(3) 疗结石：配金钱草、海金沙、鸡内金等疗尿路结石。

[主要成分]　脂肪油（芥酸、亚麻酸、芥子酸油脂）、挥发油（甲硫醇）、芥子碱、莱菔素。

[药理作用]　抗菌（抗链球菌、化脓球菌、肺炎球菌、大肠杆菌）、抗真菌（对毛癣菌等 8 种皮肤真菌有抑菌活性）、促进胃肠蠕动、减少血管阻力而降压、镇咳祛痰、改善肝细胞表面胰岛素受体、抗癌。

[用量]　牛、马：15~45g；猪、羊：6~12g；禽、兔：1.5~2g。

十、祛湿药

能渗除水湿的一类药物称祛湿药。以其功效不同可分为利水渗湿、利尿通淋和利湿退黄。因其能祛湿，阴虚津亏者忌用，脾虚水泛者用时要注意健脾。

（一）渗湿利水药

渗湿利水药味多甘淡，药性平和，广泛用于水湿病证，如水肿、淋证、黄疸、湿疹、湿痹等。对于虚证如脾气虚弱，肾虚水泛，必配伍健脾益气，温补肾阳药，疗效才会显著，并能得到巩固。

茯苓

茯苓为多孔菌科寄生真菌茯苓之菌核。傍松木或抱松木寄生，生用。

[性味归经]　甘、淡，平。归心、肺、脾、膀胱经。

[功效]　利水渗湿，健脾补中，宁心安神。

[应用]

（1）利水渗湿：茯苓甘能和中，淡能渗泄，故为利水要剂。利尿药多伤气伤阳，但本品祛邪而不伤正，扶正而不碍祛邪，所以，不管水湿停聚在哪脏哪腑，也不管是寒热虚实，茯苓皆可选用。

（2）健脾补中：本品味甘气平，入脾胃经，能振奋脾阳，健脾虽力不及党参、白术，但脾易被湿困，茯苓渗湿，所以，健脾药用茯苓辅助，能显著增强疗效，因而有“脾阳虚必进参苓”之说。临床上湿困脾阳，水湿失运所致之慢草腹泻，茯苓为必用之品。如参苓白术散。

(3) 宁心安神：茯神入心，能导其痰湿，交通心肾，使心神安宁。心经虚证、实证皆可选用，如心气虚，与补心气、养心血药配伍，可使疗效增强；痰浊扰心之心经实证，用之能安心神而不影响祛邪。

(4) 消痰逐饮：脾为生痰之源，脾虚湿聚，痰湿阻肺引起的咳喘，常用茯苓健脾渗湿，有“治痰必用茯苓”之说。如疗咳喘，痰多而稀薄的名方二陈汤。

(5) 茯苓性质平和，补而不腻，利而不峻，既能扶正又能祛邪，正虚邪实者均可选用。配化湿药助祛其湿，配补养药健脾益气，配收涩药涩精止遗，配行散药利水行浊，配寒药则寒，配热药则热，配伍合理可妙用无穷。如配山药用以健脾，茯苓可除脾湿；伍山药用以生津，茯苓可淡渗水气；合山药用以滋肾，茯苓可伐肾中邪水。

[主要成分]　茯苓多糖为主要成分。其次有三萜类如茯苓酸、松苓酸等。

[药理作用]　免疫增强作用；利尿抗结石作用；抗衰老，抗肿瘤。

[用量]　牛、马：15~60g；猪、羊：6~12g；禽、兔：1.5~3g。

【附1】　茯苓菌核之外皮名茯苓皮；内部淡红疏松者为赤茯苓；致密白色者为白茯苓；部分茯苓中间有松根通过，靠近松根部茯苓名茯神，其松根名神木。名称不同药性也有差异。白茯苓偏于健脾，赤茯苓偏于渗湿，茯苓皮利水，无补性。茯神与神木偏于宁心安神。

【附 2】 土茯苓：土茯苓为百合科多年生常绿藤本植物土茯苓的块茎。晒干生用。与茯苓药性完全不同。

[性味归经] 甘、淡，平。归肝、胃经。

[功效] 解毒、除湿。

[应用]

(1) 清热解毒：尤长于疗梅毒，同时又可解汞毒。近年报道常配青蒿、地榆、茅根疗钩端螺旋体病。

(2) 清利湿热：治热淋。

[用量] 牛、马：30~90g；猪、羊：15~30g；禽、兔：1~3g。

猪苓

猪苓为多孔菌科寄生植物猪苓干燥菌核。一般寄生在枫树或竹根旁。阴干生用。

[性味归经] 甘、淡，平。归肾、膀胱经。

[功效] 利水渗湿。

[应用] 本品味甘而淡，故善渗利，与茯苓相比渗利水湿之力大，但其性偏凉而无补脾宁心作用。

主用于水湿停滞、小便不利、水肿淋浊、黄疸、湿泻等。如与茯苓、泽泻、白术配伍，疗脾虚水肿。

[主要成分] 猪苓多糖、麦角甾醇。

[药理作用] 利尿，抗氧化，免疫调节作用。

[用量] 牛、马：15~30g；猪、羊：6~12g；禽、兔：1.5~3g。

薏苡仁（薏米）

薏苡仁为禾本科多年生草本植物薏苡的成熟种仁。生或炒用。

[性味归经] 甘、淡，微寒。归脾、肺、大肠经。

[功效]　利水渗湿，清热排脓，健脾止泻。

[应用]

(1) 健脾渗湿：淡渗利尿作用弱于茯苓。疗水湿不分寒热虚实皆可，可单用或配伍应用。因能健脾，水湿兼有脾虚用之最宜。常配滑石、茯苓、冬瓜皮疗湿热内蕴，小便短赤。

(2) 清热排脓：因本品上清肺热，下利胃肠之湿，所以最宜于疗肺痈、肠痈。如疗肺痈的苇茎汤（苇茎、薏苡仁、冬瓜仁、桃仁）和疗肠痈的薏苡附子败酱汤（薏苡、附子、败酱）。

(3) 舒筋除痹：本品味淡，能渗湿除痹，舒缓筋脉，疗关节拘挛，屈伸不利及风湿痹证，特别是湿浊偏盛的痹证。

[主要成分]　薏仁油、糖类等。

[药理作用]　抑制平滑肌挛缩。

[用量]　牛、马：25~60g；猪、羊：6~25g；禽、兔：1.5~3g。

（二）利尿通淋药

利尿通淋类药物，甘淡性寒，能清利湿热，疗湿热淋证，主用于尿频、尿急、尿痛、尿血、沙淋或小便混浊，且常与清热泻火药协同应用。

车前子

车前子为车前科多年生草本植物车前之种子。晒干生用或炒用。

[性味归经]　甘，微寒。归肺、膀胱、小肠、肾、肝经。

[功效]　利水通淋，清热明目。

[应用]

(1) 清热利水通淋：本品甘寒滑利，性善降泄，故能清热利湿，疗湿热淋证。《本草从新》载：车前子“清肝肺风热，渗膀胱湿热”。临床主用于湿热下注、热结膀胱所致的小便淋涩，欲尿不出，不尿自滴，尿道涩痛，甚者涓滴难下之热淋，如八正散。本品利水力极强，利小便能实大便，所以又可疗水湿泻、暑湿泻。

（2）清热明目：配菟丝子、熟地黄，疗肝肾阴虚，视物昏花；配青葙子、夏枯草、龙胆草疗肝经风热，目赤肿痛。

（3）镇咳化痰：主用于热痰，常与杏仁、桔梗、枇杷叶配伍，疗肺热咳嗽。

[有效成分] 黄酮及其苷类（木樨草素、车前苷等），三萜类（熊果酸，齐墩果酸等）、挥发油、多糖。

[药理作用] 利尿、止泻、护肝、镇咳平喘、抗炎、抗衰老、抑杀金黄色葡萄球菌和钩端螺旋体。

[用量] 牛、马：15~45g；猪、羊：9~15g；禽、兔：1~3g。

泽泻

泽泻为泽泻科多年生草本沼泽植物泽泻之块茎。生用或麸炒、盐炒用。

[性味归经] 甘、淡，寒。归肾、膀胱经。

[功效] 利水渗湿。

[应用]

（1）清利湿热：本品甘淡而寒，入肾与膀胱经，故能泻肾经之火，膀胱湿热，利水通淋。有“泽泻治小便淋漓为仙药，水肿湿病为灵丹”之说。常用于小便混浊、热淋尿痛、尿道结石、肝胆湿热、妊娠浮肿等。

（2）止遗精：湿热为患，肾火亢盛，扰动精室，遗精滑精时，因泽泻有泻相火之功，所以，为必用之味。《药性赋》载，“泽泻利水通淋而补阴不足”，这里补阴就是泻相火。

[主要成分] 三萜（泽泻醇 A、泽泻醇 B 等）、倍半萜和二萜、黄酮、多糖、甾醇等。

[药理作用] 利尿、降血脂、抗动脉粥样硬化、抗脂肪肝、抗炎等。

［用量］　牛、马：15～45g；猪、羊：9～15g；禽、兔：0.5～1g。

滑石

滑石为一种天然矿石。拣除杂质，打碎洗净，磨粉或水飞用。

［性味归经］　甘、淡，寒。归胃、膀胱经。

［功效］　利水通淋，清解暑热。

［应用］

（1）利水通淋：本品性寒而滑，寒能清热，滑可利窍，质重下走膀胱，故可泻膀胱之热结，荡热除湿而通利水道。《药性赋》载：滑石利六腑之涩结。症见小便不利、尿赤涩痛等湿热淋证，滑石必用。

（2）清热解暑：滑石寒凉，清泻利湿，故可清解暑热、暑湿，主用于中暑及湿温，如六一散（滑石6份、甘草1份）。

（3）外用收湿敛疮，减少湿疹、湿疮分泌物，促进愈合。

［主要成分］　硅酸镁、氧化镁、氧化镍、石灰、黏土等。

［药理作用］　硅酸镁有收敛作用；滑石粉外用可保护创面，促进结痂。

［用量］　牛、马：25～30g；猪、羊：6～18g；禽、兔：1.5～3g。

木通

木通为木通科落叶木质藤本植物木通的干燥根。以其来源不同，又分为川木通、白木通和关木通。晒干生用。

［性味归经］　苦，寒。归心、小肠、胃经。

［功效］　清热利水，下乳通经。

［应用］

（1）利水通淋，清心降火：木通苦寒，能利水通淋，可用于各种湿热淋证。木通又入心经，上清心火，下泻小肠，导湿热由小便而出，故最善治心火上亢所致之口舌生疮和心热下移小肠引起的小便涩赤淋痛，如导赤散（生地黄、木通、生草梢、淡竹叶）。

（2）通经下乳：无乳证型有两种，一是气血亏虚，乳汁化生无源；二是乳脉不通。木通主要是疏通乳脉，疏通乳脉常配王不留行、穿山甲等。

［主要成分］ 主含马兜铃酸，还有鞣质等。

［药理作用］ 利尿强心、抗菌（对 G^+ 菌、痢疾杆菌、伤寒杆菌有抑制作用）。

【附】 关木通所含马兜铃酸，能引起肾小管急性坏死或肾小管慢性间质性肾炎，即有肾毒。临床上疗鸡肾肿之病，如肾性传染性支气管炎、法氏囊炎、痛风等，需利水通淋时要慎用关木通。

［用 量］ 牛、马：25～40g；猪、羊：3～6g；禽、兔：1.2～3g。

瞿麦

瞿麦为石竹科多年生草本植物瞿麦的干燥全草。生用。

［性味归经］ 苦，寒。归心、小肠、膀胱经。

［功效］ 清热、利水、通淋。

［应用］ 本品苦寒沉降，入心经，通心气而行血，血行则瘀祛，尿利则热清，故为利水通淋、行血祛瘀常用之品，常配滑石、萹蓄、车前子、石韦、木通疗石淋、热淋和水肿。

［主要成分］ 黄酮类、皂苷、挥发油。

［药理作用］ 抑菌（抑制绿脓杆菌、大肠杆菌、伤寒杆菌等活性）、利尿作用。

［用量］ 牛、马：25～75g；猪、羊：6～12g；禽、兔：0.5～1g。

萹蓄

萹蓄为蓼科一年生草本植物萹蓄的全草。晒干生用。

[性味归经]　苦，微寒。归膀胱经。

[功效]　利水、通淋。

[应用]

(1) 本品苦降下行，功专清膀胱之湿热而利水通淋。常配栀子、大黄、滑石、木通、瞿麦、生草梢等疗湿热淋证、四肢水肿等。

(2) 杀虫止痒：可疗皮肤湿疹、阴道滴虫。

[主要成分]　黄酮类（槲皮素苷、氯原酸、萹蓄苷）、蒽醌类等。

[药理作用]　利尿、利胆、抑菌（对金黄色葡萄球菌、绿脓杆菌、伤寒杆菌、痢疾杆菌有抑制作用）。

[用量]　牛、马：25～60g；猪、羊：6～12g；禽、兔：0.5～1.5g。

海金沙

海金沙为多年生攀缘植物海金沙之干燥成熟孢子。生用。

[性味归经]　甘，寒。归小肠、膀胱经。

[功效]　清热、利水、通淋。

[应用]　本品甘淡而寒，其性下降，善泻小肠、膀胱血分之湿，功专通利水道，为利水通淋专药。主用于小便短赤，膀胱湿热，淋沥涩痛及血淋、石淋。常配赤茯苓、炙甘草、肉桂、白术、滑石、泽泻、石韦、白芍、灯芯草疗淋证。

[主要成分]　黄酮类、酚酸类等。

[药理作用]　利尿、利胆、抑菌（对金黄色葡萄球菌、大肠杆菌有抑菌活性）。

[用量]　牛、马：25～60g；猪、羊：6～25g；禽、兔：1.5～2.5g。

（三）利湿退黄药

以利湿热、利胆退黄为主要功效，主用于疗湿热黄疸证。热盛常配清热解毒药；湿盛常配芳香化浊药。与温里药配伍也可疗阴黄证。

茵陈

茵陈为菊科多年生草本植物茵陈蒿的地上部分。苗时采称绵茵陈，花蕊期称茵陈蒿。因旧苗而生，故名茵陈。去粗梗，晒干生用。

[性味归经] 苦，微寒。归脾、胃、肝、胆经。

[功效] 清热，利湿，退黄。

[应用]

(1) 利胆退黄：本品苦寒降下，除湿、清热、退黄，为疗黄疸要药。疗湿热黄疸最为对症（阳黄），如茵陈蒿汤（茵陈、栀子、大黄）；但也可配温里药（附子、干姜），疗寒湿偏盛黄疸（阴黄）；还常配伍利尿药猪苓、泽泻等，疗湿浊偏盛黄疸。

(2) 清利湿热：疗多种湿热证，如用于疗湿温方“甘露消毒丹”（白蔻、藿香、茵陈、滑石、木通、石菖蒲、贝母、射干、连翘、薄荷）。

[主要成分] 香豆素、色原酮、黄酮类及挥发油。

[药理作用] 有利胆保肝作用（疗黄疸型肝炎），镇痛解热作用，免疫增强作用，抗菌抗病毒（对链球菌、金黄色葡萄球菌、大肠杆菌、伤寒杆菌及钩端螺旋体、肝炎病毒、流感病毒有抑制作用）。

[用量] 牛、马：25~45g；猪、羊：6~15g；禽、兔：1~2g。

【附】 现代药理研究：茵陈之有效成分为香豆素。

金钱草

金钱草为报春花科多年生草本植物过路黄之干燥全草。阴干生用。

[性味归经]　微咸，平。归肝、胆、肾、膀胱经。

[功效]　除湿退黄，利水通淋、清热消肿。

[应用]

(1) 利胆退黄：本品利胆退黄，其力弱于茵陈，常作为辅助药与茵陈、大黄配伍疗湿热黄疸。胆道结石性黄疸最为对症，因本品有排石功效。

(2) 清利湿热：疗各种湿热淋证，尤以石淋最为有效，常配海金沙、石韦、鸡内金疗尿道结石，如尿道排石汤（金钱草、海金沙、鸡内金）。

(3) 解毒消肿：与鲜车前草混合捣烂加白酒，擦患处治恶疮肿毒。

[主要成分]　黄酮类、甾醇、鞣质、氨基酸、酚性成分等。

[药理作用]　利胆、利尿、清除自由基、解铅中毒（因与重金属铅可形成络合物）等。

[用量]　牛、马：30~120g；猪、羊：6~25g；禽、兔：1~2g。

虎杖

虎杖又称阴阳莲，为蓼科多年生草本植物虎杖的根及茎叶。晒干生用。

[性味归经]　苦、寒。归肝、肺、胆经。

[功效]　除湿退黄，清热解毒，祛痰止咳，活血行瘀。

[应用]

(1) 利湿退黄：可疗多种湿热证，如湿热黄疸，虎杖既能清热利湿，又能利胆退黄；湿热淋证，虎杖通五淋，疗血淋、砂淋；此外，虎杖还能疗湿热痢疾、湿热疮疹。

(2) 活血化瘀：疗瘀血作痛，用于跌打损伤，经闭经痛。怀孕畜禽禁用。

(3) 清热解毒：疗热毒疮痈，亦可疗烧伤。疗烧伤，可内服，亦可外用。虎杖研成细末，浓茶调，涂烧伤部疗轻度烧伤。

（4）清肺止咳：能清肺、止咳、祛痰，疗肺热咳嗽。

（5）缓下通便：能泻火通便，疗热结便秘。

[主要成分] 含白黎芦醇苷，有扩冠作用。

[药理作用] 清热、退黄。

[用量] 牛、马：50~100g；猪、羊：10~30g；鸡、兔：2~4g。

（四）祛风湿药

能祛风湿、治疗痹证之药物称祛风湿药。痹证又称风湿。“痹”闭塞不通之意，内经指出“风、寒、湿三气杂至，合而为痹也”。三邪互结，阻遏气血，经络失畅，不通则痛。以风邪为主者称行痹；寒邪为主称痛痹；湿邪为主称着痹。痹证初起病在气在经，久病必入血入络，进而波及脏腑。所以治疗时一定要注意配伍活血化瘀之品或虫类药。

独活

独活为伞形科多年生草本植物毛当归的干燥根。生用或炒用。

[性味归经] 辛、苦，微温。归肾、膀胱经。

[功效] 祛风胜湿，止痛。

[应用]

（1）本品辛散温通而上升，味淡性缓而走下，升中有降，能通达周身，散风胜湿，既能除经络凝聚之寒湿，又能祛筋骨之间之风湿。尤以腰、腿痛及久病入骨的下半身风湿，独活用之最适。有“两足湿痹，不能动者，非独活不除”之说。如独活寄生汤（独活、寄生、秦艽、防风、细辛、杜仲、牛藤、川芎、茯苓、肉桂、人参、甘草、当归、白芍、干地黄）。

（2）独活能解表散寒，外感风寒挟湿之发热恶寒，头痛、身重、关节酸痛，独活能发表、胜湿、止痛。

[主要成分]　挥发油类、香豆素类（蛇床子素、二氢欧山芹醇乙酸酯等）。

[药理作用]　镇痛镇痉；扩张血管降压等。

[用量]　牛、马：30~45g；猪、羊：3~10g；禽、兔：0.5~1.5g。

威灵仙

威灵仙为毛茛科多年生藤本植物威灵仙之根。生用或炒用。

[性味归经]　辛，温。归十二经。

[功效]　祛风除湿，通络止痛。

[应用]

(1) 威灵仙味辛能散风，咸能下行，气温除湿，通行十二经络。所以，为除经络风湿，特别是四肢风湿之要药。风阻经络引起的束步难行，四肢拘挛，骨节伸屈不利而作痛者，威灵仙为必选之品。

(2) 威灵仙有走窜消克之性，除诸骨鲠咽之力。用此性可排石，特别是排石药效不明显时，药中加入威灵仙往往有显效。

[主要成分]　三萜及其苷类、黄酮及多元酚类、生物碱类、有机酸、内酯类等。

[药理作用]　抗炎镇痛、抗肿瘤、降压利尿、抗菌（对葡萄球菌、链球菌、白喉杆菌、大肠杆菌等有抗菌活性）。

[用量]　牛、马：15~60g；猪、羊：3~12g；禽、兔：0.5~1.5g。

秦艽

秦艽又名大艽，为龙胆科多年生草本植物秦艽的根。晒干生用。

[性味归经]　苦、辛，微寒。归胃、肝、胆经。

[功效]　祛风湿，退虚热。

[应用]

(1) 疗风寒湿痹：味辛能散风湿之邪，入肝经能疏达肝气而舒筋止痛，故能疗风湿痹证所致的关节疼痛，四肢拘挛。

(2) 退黄疸，疗尿血：常用于湿热蕴积胃肠，肝胆疏泄失常引起的黄疸。在黄疸从肝治而无效时，可考虑治胃肠湿热，用秦艽配栀子、白鲜皮等往往见效。胃肠湿热下注所致之尿血，可用秦艽配当归、白芍、黄芩、红花、蒲黄、栀子、车前、大黄等治疗。

(3) 退虚热，除骨蒸劳热：常配知母、地骨皮、牡丹皮、银柴胡等除骨蒸。

[主要成分] 环烯醚萜苷类（如苦龙胆苷、獐牙菜苷等）、黄酮类（二氢黄酮等）、苯甲酸及其衍生物、生物碱类。

[药理作用] 抗炎镇痛；保肝利胆；健胃抗溃疡等。

[用量] 牛、马：15~45g；猪、羊：3~12g；禽、兔：1~1.5g。

木瓜

木瓜为蔷薇科落叶灌木木瓜之成熟果实。因安徽宣城产者良，故又名宣木瓜，陈久者良又名陈木瓜。晒干生用。

[性味归经] 酸，温。归肝、脾经。

[功效] 舒筋活络，和胃化湿。

[应用]

(1) 本品味酸又入肝经，能生津舒筋，气温能除湿止痛，故木瓜对寒湿阻滞经络所致的四肢拘挛，有舒筋活络之功。

(2) 和胃化湿：感受暑湿、湿困脾胃，特别是暑湿引起的剧烈腹泻，霍乱转筋（腓肠肌痉挛），木瓜为必用之味。

[主要成分] 黄酮类（槲皮素、槲皮苷等）、有机酸（咖啡酸、氯原酸等）、三萜类（齐墩果酸等）、糖类、皂苷。

[药理作用] 保肝、抗肿瘤、祛风湿、抗炎镇痛等。

[用量] 牛、马：15~30g；猪、羊：6~12g；禽、兔：1~2g。

桑寄生

桑寄生为桑寄生科常绿小灌木，寄生在桑树、槲树、柿树及其他植物的带叶枝茎。生用或酒炒用。

［性味归经］　苦、平。归肝、肾经。

［功效］　祛风湿，补肝肾，强筋骨。

［应用］

（1）补肝肾，强筋骨，养血通络：本品性平而和，不寒不热，味苦能坚肾，肾得补则筋骨有力，甘能益血，血充则筋润络通，风祛痹消。主用于风湿已久，血虚筋脉失养所致的关节不利，筋骨痹痛。

（2）养血安胎：血不养胎，胎元不固出现的胎动不安，临床上桑寄生常配党参、白术、茯苓、当归、川芎、阿胶、川断、香附等来安胎。《药性歌括四百味》载：“桑上寄生，风湿腰痛，止漏安胎，疮疡亦用。”

［主要成分］　黄酮类、三萜类、有机酸等。

［药理作用］　增加冠脉流量，改善心肌功能；降低心肌耗氧量，抗血小板凝聚，抗血栓形成，预防心肌梗死；改善微循环；抗过敏；增强免疫等。

［用量］　牛、马：30~60g；猪、羊：6~12g；禽、兔：1~2g。

五加皮

五加皮为五加科落叶小灌木细柱五加的根皮，名五加皮（南五加），蘿藦科杠柳的根皮名香五加（北五加）。生用。

［性味归经］　辛、温。归肝、肾经。

［功效］　祛风湿，强筋骨。

［应用］

（1）五加皮辛能散风，苦能燥湿，温能祛寒，所以有祛风胜湿之功。常用于疗风湿痹痛的寒痹。

(2) 本品入肝肾故能益肝补肾，壮筋骨强腰膝。常配苍术、薏米、木瓜、牛膝等疗肝肾亏虚，风湿侵入筋骨所致之腰膝疼痛，关节拘挛。

(3) 因能补肝肾，所以蛋鸡育成前期发育迟缓，体重、胫长不达标，可作促生长剂；开产延迟或产蛋率上升迟缓，五加皮可用作增蛋剂。

(4) 利水：常配茯苓皮、大腹皮治水肿。

[用量] 牛、马：15~45g；猪、羊：6~12g；禽、兔：1~3g。

【附】 五加皮有三种：

(1) 五加皮（南五加）：祛风除湿，强筋壮骨，补益肝肾，无毒。

[主要成分] 苷类，如紫丁香苷、异秦皮苷，异贝壳杉烯酸等。

[药理作用] 补益、抗疲劳、抗应激；抗炎、镇静、镇痛；免疫双向调节作用。

(2) 香五加（北五加）：祛风除湿，无补益之功，有毒（因含强心苷）。

[主要成分] 强心苷，甾体类等。

[药理作用] 强心、抗炎、升白细胞。

(3) 刺五加：五加科刺五加之根和根茎。主要是益气健脾，补肾安神。刺五加苷 D 有人参皂苷样作用。古人所说的“不要金玉满车，只要五加一把”，说的就是刺五加的补虚作用。

乌蛇

乌蛇又名乌梢蛇，为游蛇科乌风蛇除内脏和头的干燥尸体。晒干用。

[性味归经] 甘，平。归肝经。

[功效] 祛风，通络、定惊。

［应用］ 本品内走脏腑，外彻皮肤，透骨搜风，截惊定抽，善行数变，似风，故功专祛风。常用于疗比较严重的骨节疼痛、肢体麻木及风湿瘫痪。风痰、瘀血阻于经络，血流失畅所致的口㖞眼斜、半身不遂及惊癫抽搐等惊风证，乌蛇亦为常用之品。如配羌活、独活、荆芥、防风、当归、红花等疗肢体麻木；配蜈蚣、全蝎疗抽搐惊癫。一切皮肤风症如痒疹、疥癣，乌蛇常配苦参、连翘、丹参、薄荷、蝉衣等进行治疗。

［用量］ 牛、马：15~30g；猪、羊：3~6g。

十一、芳香化湿药

能芳香避浊、化湿悦脾之药物称芳香化湿药。本类药物多为辛温、香燥之品，能驱散湿邪，化湿于内，醒脾悦脾。临床上凡湿浊阻中、脾阳失健所致之食欲减退，怠惰嗜卧，便溏苔腻之证，皆可选用。证型偏热，可配伍连翘、黄连等清热药；证型偏寒，可配伍干姜等温里药；证型偏虚，可配伍党参、茯苓等补脾药。湿阻脾胃，气机多见失畅，所以，配伍一些行气药如陈皮、枳壳，会更有捷效。本类药物亦可用于湿温和暑湿证的治疗。因其药效依赖其香味，辛香物易挥发，所以本品不宜久煎。

苍术

苍术为菊科多年生草本植物苍术之干燥根茎。产于浙江等地称茅（南）苍术；产于华北称北苍术。生用或炒至微黄用。

［性味归经］ 辛、苦，温。归脾、胃经。

［功效］ 燥湿健脾，祛风除湿。

［应用］

（1）健脾燥湿：本品苦温燥湿，芳香化湿，又有健脾气之力，所以为疗湿浊中阻要药，湿困脾土，不分寒热虚实，皆可选用。如配炒神曲、茯苓、厚朴、炒麦芽、陈皮、人参、炙甘草名养胃进食丸，疗脾胃虚弱，寒湿困脾。

苍术无行气之功，健脾燥湿需配行气之品，如平胃散，由苍术、厚朴、陈皮、甘草组成，其中厚朴、陈皮行气。

(2) 祛风湿：苍术苦燥，能止痹痛，疗风湿。主用于疗寒湿痹痛；与清热药配伍又能疗湿热痹，如二妙散（苍术、黄柏）。

(3) 苍术芳香辟秽，与艾蒿配伍，用于鸡舍或猪舍香熏消毒，可预防流感等传染病。此外苍术还能发散解表。

[主要成分] 挥发油（倍半萜类如桉叶油、苍术醇，聚乙烯炔类如苍术素）、糖苷类（黄酮苷）、维生素 A。

[药理作用] 抗菌（对金黄色葡萄球菌、大肠杆菌、真菌等有抑菌活性）、抗胃溃疡、抗炎保肝、抗缺氧、镇痛、利尿、抗心律失常。

[用量] 牛、马：15~60g；猪、羊：9~15g；禽、兔：1~3g。

藿香

藿香为唇形科一年生草本植物藿香的干燥茎叶。生用。

[性味归经] 辛，微温。归脾、胃、肺经。

[功效] 芳香化湿，和中止呕，发散表邪。

[应用]

(1) 芳香化湿：湿浊困脾，中气失运引起的食欲减退，舌苔腻滑，本品芳香助脾，最为常用。藿香温而不热，燥而不烈，所以使用广泛，湿阻中焦时，寒热皆可选用。如钱氏白术散（人参、白术、茯苓、甘草、藿香叶、木香、葛根），是疗痰湿食滞的常用方。

(2) 和中止呕：本品辛香，入脾胃经，为温中快气之品，疗呕逆要药，得半夏则止呕之力更强，如藿香、半夏、丁香三味组成藿香半夏汤，主治胃寒停饮呕逆。

（3）解表：本品解表之力弱于荆芥、防风，所以单纯表寒少用，但外感风寒，内伤湿浊之证，藿香用之最宜。如藿香正气散（藿香、紫苏、白芷、大腹皮、茯苓、白术、陈皮、半夏、厚朴、桔梗、甘草）。

[主要成分] 挥发油（藿香醇、藿香酮、丁香油酚、桂皮醛等）。

[药理作用] 促进胃液分泌。

[用量] 牛、马：25~40g；猪、羊：6~10g；禽、兔：0.3~1.0g。

佩兰

佩兰为菊科多年生草本植物兰草之全草。生用。

[性味归经] 辛，平。归脾、胃经。

[功效] 芳香化湿，疏散解暑。

[应用]

（1）芳香化湿，醒脾开胃：本品入脾胃经，凡湿浊中阻，症见呕恶脘痞，口臭苔腻，多涎口甜，本品常配厚朴、白豆蔻治疗。

（2）发汗解暑：本品味辛性平，气味芳香，辛能发散，香能祛秽，故有解暑化湿之功。症见发热无汗，头胀、胸闷、腹满之暑湿证或暑温初起，佩兰常配藿香、厚朴、荷叶疗之。

[主要成分] 挥发油类、黄酮类（黄酮醇、二氢黄酮等）。

[药理作用] 抗菌抗毒（能抑制流感病毒、金黄色葡萄球菌、白喉杆菌活性）。

[用量] 牛、马：15~45g；猪、羊：9~15g；禽、兔：0.3~1.0g。

十二、平肝药

凡能息肝风、清肝热之药物，称平肝药。以其疗效，本类药物可分为平肝息风和平肝明目药两类。

（一）平肝息风药

凡能平肝潜阳、息风止痉为主要作用，主治肝阳上亢、肝风内动之证药称平肝息风药。肝阳上亢症见急躁易怒，肝风内动症见牙关紧闭，四肢抽搐，角弓反张，惊厥癫狂，此证往往起病急骤，见症多端，以“风”喻其暴变之势。

天麻

天麻为兰科多年生草本寄生植物天麻的干燥块茎。春采为春麻，质量差；冬采为冬麻，质量优。采后除去菌丝，煮透，压平微火烤干用。

[性味归经] 甘，平。归肝经。

[功效] 平肝息风。

[应用] 本品性质平和，体润不燥，风药中之润剂，能息内风，散外风，因而为最广泛使用息风药，无论证型寒热虚实，皆可选用。如常配全蝎、白附子、僵蚕等治颜面神经麻痹，配白芍、钩丁治肝风内动，有“目昏头旋，虚风内作，非天麻不除”之说。此外，还能通和血脉，疏痰利气，益筋骨疗风湿痹痛，疗风湿痹痛常与独活、秦艽、牛膝、杜仲等配伍。

[主要成分] 酚类及其苷类（如天麻素、天麻羟胺等）、多糖类、有机酸和甾醇类等。

[药理作用] 镇静、镇痛、抗惊厥、抗炎、延缓衰老、预防微循环障碍、阻止血栓形成。免疫增强作用等。

[用量] 牛、马：20~45g；猪、羊：6~10g；禽、兔：0.5~1.5g。

钩藤

钩藤又名钩丁，为茜草科常绿木质藤本植物钩藤的带钩茎枝。双钩者佳。晒干用。

[性味归经]　甘，微寒。归肝、心经。

[功效]　息风止痉。

[应用]

(1) 息风定惊：本品清热作用不强，但息风之力较好，又因药性平和，所以是常用息风止痉药。如配羚羊角（野生山羊角代）、菊花、霜桑叶、胆南星、连翘等疗热极生风；肝肾阴虚，水不涵木，阳浮而神动出现的抽搐，常配羚羊角、天麻、全蝎、木香、甘草治疗；肝阳上亢所致之目赤肿痛，常配菊花、夏枯草、石决明、白芍治疗。

(2) 疏风透疹：本品味甘微寒，质轻味薄，轻能透发，寒能解热，故常配紫草、薄荷、升麻疗疹出不畅；配菊花、蝉蜕、川芎、葛根疗风热头痛。

[主要成分]　吲哚类生物碱（钩藤碱、异钩藤碱、柯诺辛碱等）、三萜类。

[药理作用]　降压抗心律失常；抗血小板凝聚，抗血栓形成；镇静、抗惊厥癫痫；保护脑。

[用量]　牛、马：30~60g；猪、羊：10~15g；禽、兔：1.5~2.5g。

全蝎

全蝎为节肢动物蝎科蝎子之干燥尸体。捕后用沸水烫死，晒干用。

[性味归经]　辛，平；有毒。归肝经。

[功效]　息风止痉，解毒散结，通络止痛。

[应用]

(1) 镇痉息风：本品息风止惊作用很强，内风、外风都可选用，特别是肝风内动。如疗颜面神经麻痹的牵正散（全蝎、僵蚕、白附子）。

（2）通络止痛：因是虫药故能收剔经络之邪，疗顽固性风湿痹痛。

（3）解毒散结：疗恶疮肿毒。

［主要成分］ 蝎毒素（主要活性成分为毒蛋白）、牛磺酸、甜菜碱等。

［药理作用］ 抗凝血、抗血栓、抗纤溶；镇痛解痉、抗癫痫。

［用量］ 牛、马：10~25g；猪、羊：3~6g；禽、兔：0.5~1g。

蜈蚣

蜈蚣为节肢动物蜈蚣科蜈蚣的干燥尸体。生用。

［性味归经］ 咸，温。归肝经。

［功效］ 息风止惊，解毒散结，通络止痛。

［应用］

（1）息风止惊：蜈蚣息风止惊之力，大于全蝎，在动物药中是力量最大最猛者，常与全蝎相须为用，主用于热极生风、破伤风、幼驹惊风等。

（2）解毒散结：疗疮疡肿毒、溃烂等，如蜈蚣配乌蛇、白鲜皮、苦参、蛇床子疗皮肤湿疹瘙痒。麻杏石甘散加蜈蚣、地龙、蚤休、半夏、黄连疗支原体肺炎。

（3）通络止痛：用于风湿痹痛。如独活寄生汤加蜈蚣、白花蛇舌草、川乌、乳香、没药、木瓜疗顽固痹证。

［主要成分］ 主要活性成分为组胺和溶血性蛋白（蜂毒样作用）；其他有脂肪胺、多种氨基酸等。

［药理作用］ 扩张血管，降低血液黏滞度，改善组织因血循不畅缺氧所致的高血凝状态；抗炎、镇痛、解痉；抗皮肤真菌；增强免疫功能等。

[用量]　牛、马：10~15g；猪、羊：1~2g。

【附】 蜈蚣主用于角弓反张，强直性痉挛。全蝎：频频抽动，手足震颤（纤颤）。

僵蚕

僵蚕为蚕蛾科昆虫，是家蚕的幼虫在未吐丝前因感染白僵菌病而死亡的虫体。晒干用。

[性味归经]　咸、辛，平。归肝、肺经。

[功效]　息风止痉，祛风止痛，化痰散结。

[应用]

（1）息风解痉：息风解痉，功似天麻，不分寒热虚实，皆可选用。如常配天麻、牛黄、全蝎、胆南星疗惊风抽搐。

（2）祛风止痛：配桂枝、荆芥、薄荷疗外感引起的咽喉肿痛；配菊花、桑叶、薄荷疗肝风上扰引起的目赤肿痛。

[主要成分]　蛋白质、脂肪、草酸铵、麦角甾醇、甘露醇、谷甾醇、棕榈酸等。

[药理作用]　抗凝、抗血栓、促纤溶；抗痉厥、降血糖、降血脂、抗癌、催眠。

[用量]　牛、马：30~60g；猪、羊：10~15g；禽、兔：0.5~1g。

地龙

地龙为环节动物巨蚓科蚯蚓之干燥全体。捕捉后除内脏和泥土，干燥生用。老者良，老者颔白，称白颔地龙。

[性味归经]　咸，寒。归肝、脾、膀胱经。

[功效]　清热息风，平喘，通络，利尿。

[应用]

（1）清热止痉：息风止痉力不强，但善清热，退壮热，适用于热病狂躁，痉挛抽搐，但需用鲜品。

（2）活络：虫药善走窜，故能活络，配川乌、南星、当归、乳香、没药疗风湿痹痛。

(3) 利尿：地龙性下行，入膀胱行水，疗热阻膀胱引起的小便不利或水肿。

(4) 解毒：地龙置清水中使其排尽体内泥土，再置器皿中，身上撒白糖，放置 2 小时后，地龙化为血水，用其血水涂疮肿处，可解毒消肿。

(5) 能平喘，可缓解平滑肌痉挛，疗肺热喘息。

[主要成分] 蛋白质、18 种氨基酸、酯类、酶类（纤溶酶、过氧化物酶等）、核苷酸（黄嘌呤）、蚯蚓素、蚯蚓毒素等。

[药理作用] 溶血栓、降压、镇静、解热、杀精子、修复气管黏膜、免疫增强等。

[用量] 牛、马：30 ~ 60g；猪、羊：15 ~ 40g；禽、兔：0.5 ~ 1g。

(二) 平肝明目药

凡能清除肝火，消除眼目翳障之药称平肝明目药。主用于肝火亢盛、睛生翳膜、目赤肿痛等证。

石决明

石决明为软体动物鲍科鲍鱼之干燥贝壳。因附石而生坚硬如石，功专去翳明目故名。生用或煅用。

[性味归经] 咸，寒。归肝经。

[功效] 平肝潜阳，清肝明目。

[应用] 本品味咸质重，气寒，入肝经，能潜降肝阳，清降肝热。临床上不论肝经风热引起的目赤肿痛、羞明流泪、目赤翳障或肝阴亏虚、肝阳上亢引起烦躁、眩晕，石决明最为常用，被誉为“磨翳消障”之品。疗肝经风热常配决明子、菊花；疗肝阳上亢常配生地黄、白芍。

[主要成分] 碳酸钙为主要成分，还含少量硅酸盐、磷酸盐、氯化物、镁、铁等。

［药理作用］　明目退翳。

［用量］　牛、马：30~60g；猪、羊：10~15g；禽、兔：1~2g。

草决明

草决明又叫决明子，为豆科一年生草本植物决明的成熟干燥种子。阴干备用。

［性味归经］　甘、苦、咸，微寒。归肝、大肠经。

［功效］　清热明目，通便。

［应用］

（1）清降肝火：风热内淫，血被风阻，不能上滋眼目，致眼痛不止，泪流不收。草决明苦寒，能清肝泻火，又因质轻性升，有散风之功。热除风息，眼痛自止，目泪自收。故有“疗目收泪止痛要药”之称。

（2）润肠通便：主用于肠燥便秘。

［主要成分］　多糖类、蒽醌类（大黄酚、大黄素、大黄甲醚等）。

［药理作用］　保肝、免疫增强作用、明目、降压、降血清胆固醇、抗衰老、保护肾脏，对链球菌、大肠杆菌、伤寒杆菌等有抗菌活性。

［用量］　牛、马：30~60g；猪、羊：10~15g；禽、兔：1.5~3g。

【附】 石决明、草决明均为平肝明目之品，石决明质重味咸，降火力大，偏于肝火内生上扰于目。草决明质轻，泻火之力稍强，偏治外感风热引起的肝火上扰。

夏枯草

夏枯草为唇形科多年生草本植物夏枯草的花穗或全草。晒干备用。

［性味归经］　甘、辛，寒。归肝、大肠经。

［功效］ 清肝火、散郁结。

［应用］

（1）清泄肝火：用于肝火上亢所致之目赤肿痛，羞明流泪。常配石决明、菊花等。

（2）清火散结：痰火郁结所致之瘰疬、瘿瘤。常与玄参、浙贝、昆布、牡蛎同用。

［主要成分］ 夏枯草苷、生物碱、维生素 B_1、无机盐等。

［药理作用］ 对绿脓杆菌、结核杆菌、伤寒杆菌、大肠杆菌、痢疾杆菌有抑制作用。

［用量］ 牛、马：15~60g；猪、羊：6~12g；禽、兔：0.5~1g。

十三、安神药

以镇静安神、疗神志失常为主的药物称安神药。神志失常多见心悸不安、惊恐癫狂等，神志失常或因于虚或因于实。虚者多因血不养心，治宜用酸枣仁、柏子仁，养心血安心神。实者，多为火扰心神，宜用朱砂、琥珀、落铁，镇心热安心神；痰浊蒙蔽心窍，呈现心神不宁，宜用远志、胆南星祛痰安神；阳亢迫心，宜用龙骨、磁石潜阳安神。矿石类安神药，易伤胃耗气，用时须酌情配伍养胃健脾之品。

朱砂

朱砂为含硫化汞的天然矿石。色红如朱，形细如砂故名。湖南辰州（今沅陵县）产者良，故又称辰砂，有颗粒者称丹砂。水飞晒干备用。

［性味归经］ 甘，寒。有毒。归心经。

［功效］ 清心、定惊，安神、解毒。

［应用］

（1）镇心安神：朱砂性寒质重，入心经，重可祛怯，寒可清热，色赤通心，既清心热，又镇心安神。

温病热入心包症见神昏、惊厥之心经实热证，朱砂为常选之品，如清热开窍、豁痰解毒方“安宫牛黄丸”。

本品甘能生津，专入心经，心血不足，心火偏亢，虚火浮游于上所致之舌质红绛，精神错乱之心经虚热证也常选朱砂，如疗心经虚火名方“天王补心丹”。因而朱砂有“安神第一品，心经有热，非此不除”之美誉。

（2）清热解毒：“血分有火，诸疮皆生”，朱砂清心解毒，为外科、喉科常用之品，内服、外用均可。如主治口舌生疮之冰硼散（硼砂、冰片、朱砂、元明粉）。

［主要成分］　主为硫化汞，另外还含多种微量元素。

［药理作用］　镇静、催眠、抗惊厥、抗心律失常等。

［用量］　牛、马：3~6g；猪、羊：0.1~0.9g。

【附】　朱砂遇热氧化生成毒性强的氧化汞，易引起中毒。故朱砂不入煎剂。多水飞为细粉，制丸。

酸枣仁

酸枣仁为鼠李科落叶小乔木酸枣的成熟种仁。生用或炒用。

［性味归经］　甘、酸，平。归心、肝经。

［功效］　养心益肝，安神，敛汗。

［应用］

（1）敛肝阴，益肝血、养心神：本品酸甘多液而性平，有酸收甘补之性，能敛肝阴，益肝血，养心神。疗肝阴不足，肝阳上亢引起的心神不宁，烦躁不安。如配知母、茯苓、川芎、甘草疗心肾亏虚，阴虚津亏引起的烦躁不安。

（2）敛汗益阴：因具酸收甘补之性，故可敛汗益阴。如配山萸肉、白芍、五味子、牡蛎、麻黄根、浮小麦疗心脾两虚所致的马多汗、盗汗。

［主要成分］　皂苷类（三萜类化合物，为最主要有效成

分）、黄酮类、生物碱等。

［药理作用］ 镇静、催眠、抗惊厥；抗心肌缺血缺氧、抗心律失常、抗血小板凝聚、保护心血管；清除自由基、抗衰老、增强免疫功能。

［用量］ 牛、马：30~60g；猪、羊：10~15g；禽、兔：1~2g。

柏籽仁

柏籽仁为柏科常绿乔木侧柏之种仁。阴干备用。

［性味归经］ 甘，平。归心、肾、大肠经。

［功效］ 养心安神，润肠通便。

［应用］

（1）养心血，安心神：本品味甘能补，入心，补心气，益心血，安心神，主治心脾两虚、血不养心所致之心神不安。常配炒枣仁、五味子、丹参、灵芝、生龙骨、生牡蛎疗心神不安。

（2）润肠通便：常配火麻仁、瓜蒌仁，疗阴虚或产后血虚肠燥便秘。

［主要成分］ 脂肪油、皂苷类等。

［药理作用］ 催眠、延长睡眠时间；促进神经生长等。

［用量］ 牛、马：30~60g；猪、羊：16~20g；禽、兔：1~2g。

远志

远志为远志科多年生草本植物远志之根。生用或炙用。

［性味归经］ 辛、苦，微温。归肺、心、肾经。

［功效］ 宁心安神，祛痰开窍。

［应用］

（1）交心肾，安心神：本品入肾能补，肾经虚衰，不能上交于心引起的心肾不交，能交心肾安心神。

（2）化痰开窍：痰涎沃心，壅塞心窍，心气不通，远志有醒神开窍之功，常配郁金、石菖蒲、胆南星等疗痰迷心窍。

(3) 祛痰镇咳，宣通肺窍，常用于疗痰多而稀之咳嗽。

[主要成分]　皂苷类（齐墩果酸）、寡糖类、苯并色原酮等。

[药理作用]　镇咳祛痰、益智安神护脑、抗衰老、免疫增强等。

[用量]　牛、马：30～40g；猪、羊：10～15g；禽、兔：0.5～1g。

合欢

合欢为豆科落叶乔木合欢之树皮和花。生用。

[性味归经]　甘，平。归心、肝、脾经。

[功效]　安神解郁，活血，消痈。

[应用]

(1) 皮和花均能畅心脾，安心神：本品气味甘平，甘能补心脾，又入心、肝、脾经，故能使五脏安和，神气自畅。安神，花优于皮。

(2) 合欢皮活血：骨折肿痛，跌打损伤等血瘀证，常配当归、川芎、赤芍治疗。配鱼腥草、桔梗、甘草疗肺痈。配蒲公英、紫花地丁、野菊花疗疮痈。

[主要成分]　三萜皂苷类、叶和花含黄酮（槲皮素）。

[药理作用]　强壮、镇静、抗抑郁；利尿；免疫调节；抗生育。

[用量]　牛、马：30～90g；猪、羊：10～20g；禽、兔：1～2g。

十四、开窍药

以开通心窍，疗心窍闭阻，神志失用，昏迷不醒为主要作用之药物称开窍药。开窍药主入心经，重在开通心窍，启闭回苏。主用于疗温病热入心包或痰浊蒙蔽心窍，神志不清之闭证。闭证都是实证。但有热闭、寒闭之分，热闭除昏迷外，必见身热、脉数等一派热象；寒闭除昏迷外，必见身冷、脉迟等一派寒象，因此开窍也有温开、凉开之法。开窍药气味芳香，善于走窜，耗伤正气，多用作急救，所以中病即止，脱证禁用，孕畜禁用。一般不作汤剂。

麝香

麝香为麝科动物雄麝囊内的分泌物，干燥而成。香味浓烈，保香力强，有“香气之冠”美誉。用时破皮取香，颗粒状者优，习称“当门子”。现天然麝香兽用很少，多用人造麝香。

[性味归经] 辛，温。归心、脾经。

[功效] 开窍醒神，活血解毒。

[应用]

（1）开窍醒神：本品辛温气香，有穿透之性，通十二经络，外彻皮肤，内透骨髓，可开诸孔，通诸窍，无孔不入无处不到，所以能通关、利窍、醒神，主用于疗窍闭之证，不管热闭、寒闭均可选用，所以有开窍第一要药之称。

（2）活血散瘀：本品能行血中之滞，活血散瘀、活血止痛、活血疗伤，解毒消肿，为外科良药。常用于跌打损伤和疮痈。

[主要成分] 大环酮类（环十四烷酮等）、嘧啶类（胆甾醇等）、多肽蛋白质类（多种氨基酸）、脂肪酸和脂类。

[药理作用] 抗炎、抗凝血、抗衰老；抗菌（大肠杆菌、金黄色葡萄球菌）；兴奋子宫、妊娠禁用；雄激素样作用。

[用量] 牛、马：0.6~1.5g；猪、羊：0.1~0.2g；禽、兔0.025~0.03g。

冰片

冰片由龙脑科常绿乔木龙脑树的树脂加工而成的称梅片；由

菊科植物艾纳香提取而成的称艾片，松节油、樟脑加工制的称机片。密闭保存，研粉用。用时不能经火。

[性味归经]　辛、苦，微寒。归心、脾、肺经。

[功效]　开窍醒神，清热止痛。

[应用]

（1）开窍醒神：本品辛香走窜，故能开窍醒神。开窍醒神之力弱于麝香，常与麝香相须而用，可减少麝香用量。临床上热闭、寒闭均用，因价格便宜，临床最多用，所以冰片是真正开窍醒神第一要药。如安宫牛黄丸（牛黄、郁金、犀角、黄芩、黄连、金箔、雄黄、冰片、麝香、珍珠）。

（2）清热消肿：本品大辛善走，能通气散结，又因味苦气寒，故能清热消肿，散火止痛，疗目赤肿痛、口舌生疮、咽喉肿痛的外用方中，均有冰片。临床证明六神丸（牛黄、冰片、蟾蜍、珍珠、麝香、百草霜）疗鸡传染性喉气管炎，成鸡每只1～2粒内服，每天两次，连用3天，效果十分显著。

[主要成分]　龙脑（萜类）。

[药理作用]　促进亲水药物透过血脑屏障；改善脑血循保护脑；促进其他药物透过皮肤；抗菌（金黄色葡萄球菌、溶血性链球菌）；止痛、抗炎。

[用量]　牛、马：3～6g；猪、羊：1～1.5g；禽、兔：0.03～0.04g。

牛黄

牛黄为牛科动物牛之胆囊结石。因其色黄故名牛黄，又名丑宝。兽医天然牛黄少用，多用人造牛黄。

[性味归经]　苦、甘，凉。归肝、心经。

[功效]　息风止痉，清热解毒，化痰开窍。

[应用]

（1）清心、化痰、开窍：心热火自内焰，肝热木自生风，风火相搏，挟痰上壅，蒙蔽清窍，导致热极生风。本品苦寒入心肝二经，所以能清热止痉、息风定惊。热陷心包所致之神昏嗜睡、热极生风所致之抽搐痉挛，以及痰迷心窍所致之癫狂不宁，牛黄常配朱砂、栀子、黄连、郁金、麝香、黄芩、全蝎等治疗。

（2）清热解毒：火热上炎所致之口舌生疮、咽喉肿痛，常配雄黄、冰片、大黄等治疗，如六神丸。

［主要成分］ 胆酸、脱氧胆酸、胆固醇等。

［药理作用］ 解热、镇痛、镇静、息风、抗惊厥、保肝利胆、增强免疫等。

［用量］ 牛、马：3～12g；猪、羊：0.6～2.4g；禽、兔：0.03～0.04g。

［注］ 入丸、散剂，不入煎剂。

石菖蒲

石菖蒲为天南星科多年生草本植物石菖蒲之根茎。其根络石而生故名。生用。

［性味归经］ 辛，温。归心、胃经。

［功效］ 芳香化湿，开窍宁神。

［应用］

（1）醒神开窍：本品辛温芳香，其性走窜，能开心窍而醒神，但其力很弱，因石菖蒲能化湿，所以，痰浊蒙蔽清窍，清阳不升所致之神昏、癫狂，用本品可舒心气，除痰浊，清心醒脑。清心醒脑常与郁金、茯神、远志配伍应用，如菖蒲郁金汤（菖蒲、郁金、栀子、连翘、菊花、滑石、竹叶、牡丹皮、竹沥、牛蒡子）。

（2）芳香化湿：常用于湿困脾胃的食欲减退及风湿痹痛。

［主要成分］ 主含挥发油（β-细辛醚、α-细辛醚）还含少量糖类、有机酸等。

［药理作用］ 镇静、抗惊厥。

［用量］ 牛、马：30~60g；猪、羊：10~15g；禽、兔：1~1.5g。

十五、收涩药

“收”，收其外散；“涩”，涩其下脱。有收敛固涩作用，能治疗脱证之药物称收涩药。精气外散为之脱，指元气日趋耗散，精气大量外泄，气血阴阳大量耗损，严重时可见生命垂危的综合症候称脱证。收涩药分为涩肠止泻和涩精敛汗两类。涩肠止泻药主用于脾肾虚寒引起的久泻久痢，阴道、肛门脱垂。涩精敛汗药有固肾涩精和缩泉之功，主用于阳虚不能卫外，阴虚不能内守所致的自汗、盗汗、阳痿、滑精、遗尿等。本类药物在表邪未解、里邪未清时不可过早使用，以免引起闭门留寇之弊。

乌梅

乌梅为蔷薇科落叶乔木梅的未成熟果实。去核生用或炒炭用。

［性味归经］ 酸、涩，平。归肝、脾、肺、大肠经。

［功效］ 敛肺，涩肠，生津。

［应用］

（1）涩肠止泻：乌梅酸涩，入脾与大肠经，能涩肠止泻。常配党参、白术等疗气虚脾弱所致之久泻久痢。乌梅又能祛邪（抗痢疾杆菌），虽然“痢无涩法”，但因乌梅抑杀痢疾杆菌，不会留邪，亦可选用。“散者收之”，疗脱垂证宜补气升阳，需用补中益气汤治疗，若方中再重加乌梅之收涩，可使升阳举陷之力更强。

（2）敛肺止咳：本品酸涩，入肺经，能收敛浮散之肺气，本品又有祛痰作用。既能配阿胶、五味子、款冬花、杏仁、半夏等疗肺虚久咳。又能加入治痰通剂二陈汤中，疗痰湿咳嗽，可制二陈之燥，又可生津补虚，相反相成，其效更宏。

（3）生津止渴：本品甘酸化阴，所以能生津止渴，常配天花粉、麦冬、葛根等治虚热口渴。

（4）和胃驱虫：主驱蛔虫。

［主要成分］　主含有机酸（枸橼酸、柠檬酸等近 10 种）、氨基酸（如天冬氨酸等多种）、糖类（单糖、双糖、多糖等多种）、挥发油、酯类、甾醇类、生物碱等。

［药理作用］　抑菌（对大肠杆菌、沙门杆菌、痢疾杆菌、溶血性链球菌、金黄色葡萄球菌、肺炎双球菌有抑菌活性）、镇咳、抗氧化、抗过敏、安蛔（麻醉虫体，使成濒死状）。

［用量］　牛、马：15～30g；猪、羊：6～10g；禽、兔：0.5～1.5g。

肉豆蔻

肉豆蔻为肉豆蔻科乔木肉豆蔻的成熟种仁。用时以面裹煨去油。

［性味归经］　辛，温。归脾、胃、大肠经。

［功效］　收敛止泻，温中行气。

［应用］

（1）温中行气：本品辛温芳香，故能行气醒脾和中，脾胃虚寒者得温则脾自舒，脾舒则胃气自降。常用于脾胃虚寒所致之胃寒腹痛、胃冷呕吐等。

（2）收敛止泻：本品辛温芳香而涩，可暖脾肾涩大肠。适用于脾肾虚寒性久泻不止，如四神丸。凡收涩止泻都易引起肚胀，肉豆蔻能行气消胀和胃而无此弊，所以是止泻药中的佳品。

［主要成分］　主含挥发油（β-蒎烯、α-蒎烯）、新木脂素等。

［药理作用］　对肠管蠕动有抑制作用，少量助消化。

［用量］　牛、马：15～30g；猪、羊：6～10g；禽、兔：1～1.5g。

诃子

诃子为使君子科落叶乔木诃子树的成熟果实。晒干生用或煨用。

[性味归经]　苦、酸、涩，平。归肺、大肠经。

[功效]　收敛止泻，敛肺。

[应用]

(1) 煨用涩肠止泻：本品苦、酸涩，酸能收涩，苦能降泄，所以能涩肠止泻，消胀除满。主用于邪气已衰，滑泻不固的久泻久痢。久痢偏热，常配黄连、木香、甘草；久痢偏寒，可配干姜、陈皮；久痢久泻，伤及正气时，需配党参、山药、白术之类，以固本。

(2) 生用敛肺下气：苦而酸涩，能敛肺降气利咽，适用于肺虚咳喘。疗肺虚咳喘，常配党参、五味子、麦冬。

[主要成分]　主含三萜类、酚酸类、脂肪族化合物、氨基酸、糖类、维生素和酶。

[药理作用]　抗菌（对金黄色葡萄球菌、溶血性链球菌、大肠杆菌、绿脓杆菌、肺炎球菌等有抗菌活性）、抗毒（疱疹病毒）、强心抗心力衰竭、抗内毒素、解毒（解草乌毒）、抗氧化、抗肿瘤。

[用量]　牛、马：30~60g；猪、羊：6~10g；禽、兔：0.5~1.5g。

龙骨

龙骨是古代多种哺乳动物骨骼的化石。形长似龙，用其骨故名。打碎或火煅用。

[性味归经]　甘、涩，微寒。归心、肝经。

[功效]　平肝潜阳，镇静安神，收敛固涩。

[应用]

(1) 煅用收敛固涩：龙骨味涩可固脱，配牡蛎、山药治滑精、盗汗。

(2) 镇静安神：肝藏魂，肝虚则魂游走不定，龙骨入肝敛肝气潜肝阳，故能镇静安神。常与茯神、远志配伍疗心神不宁，狂躁不安，虚汗淋漓，神魂游荡之症。

(3) 生用平肝潜阳：本品质地重坠，入肝经，能平肝益阴，潜镇浮阳，不令浮越之气游散于外。常配白芍、牡蛎、代赭石疗肝阴不足，肝阳上亢所致之头晕目眩。

[主要成分] 碳酸钙及锌、铜、锰等。

[药理作用] 镇静、催眠、抗惊厥、促进血液凝固、降低血管通透性等。

[用量] 牛、马：30~60g；猪、羊：6~10g；禽、兔：1~3g。

牡蛎

牡蛎为软体动物牡蛎科牡蛎之贝壳。打碎生用或火煅。

[性味归经] 咸，微寒。归肝、肾经。

[功效] 平肝潜阳，收敛固涩，软坚散结。

[应用]

(1) 生用平肝潜阳：本品味涩，质重入肝经，故能平肝潜阳，常用于阴虚阳亢，阳气浮越之证。如“镇肝息风汤”（怀牛膝、生赭石、生龙骨、生牡蛎、生龟板、生杭芍、元参、天冬、川楝子、生麦芽、茵陈、甘草），主治肝阳上亢，肝风内动引起的眩晕颠仆，口眼㖞斜。

(2) 煅用敛汗涩精：味涩可固脱，常用于遗精、盗汗、自汗。如固精丸（芡实、莲须、龙骨、牡蛎、蒺藜、金樱子）。

(3) 软坚散结：疗痰火郁结之瘰疬、瘿瘤。

[主要成分] 碳酸钙、磷酸钙、硫酸钙及少量镁、钾等。

[药理作用] 镇静、催眠、抗惊厥、促进血液凝固、降低血管通透性等。

[用量]　牛、马：30~60g；猪、羊：10~20g；禽、兔：1~3g。

【附】　龙骨：镇心安神，牡蛎弱。牡蛎：软坚散结，龙骨无。牡蛎煅烧生成碳酸钙和氧化钙，可疗胃溃疡（中和胃酸）。

明矾（白矾）

明矾为含硫酸盐矿石中的明矾石煎炼而成，煅烧失去结晶水后名枯矾。生用或煅用。

[性味归经]　酸，寒。归脾经。

[功效]　燥湿祛痰，杀虫止痒，止血止泻。

[应用]

（1）枯矾有较强的收敛止血和涩肠止泻作用。配五倍子、血余炭疗便血；配五味子、诃子、五倍子疗久痢。

（2）白矾有很强祛痰功能，内服可疗风痰壅盛之咳嗽（喉中声如曳锯），如配青礞石、海浮石、硼砂、硇砂等疗鸡慢性呼吸道病。

（3）解毒杀虫：外用枯矾，收湿止痒力强，主用于口舌生疮、湿疹疥癣。

[主要成分]　硫酸铝钾。

[药理作用]　抗菌（对表皮癣菌、毛霉菌、白色念珠菌等真菌及金黄色葡萄球菌、溶血性链球菌、伤寒、痢疾、肺炎球菌等有抗菌活性）；能促使小血管收缩，缩短凝血时间，有止血作用；利胆作用。

[用量]　牛、马：15~30g；猪、羊：3~10g；禽、兔：0.5~1g。

麻黄根

麻黄根为麻黄科多年生小灌木麻黄的根。生用。

[性味归经]　甘，平。归心、肺经。

[功效]　止汗。

[应用] 止汗专药，自汗、盗汗都可使用。自汗多配伍补气药黄芪、白术，盗汗多配伍女贞子、鳖甲等治疗。在治疗肺热咳喘时，麻黄与麻黄根同用，以根抑制麻黄的发汗，使麻黄专于止咳降气平喘，相反相成。

[主要成分] 伪麻黄碱。

[药理作用] 止汗。

[用量] 牛、马：30~90g，猪、羊：15~30g。

十六、外用药

以外用为主，通过涂敷、喷洗疗畜禽外科疾病之药物，称外用药。本类药物一般具有攻毒消肿、活血止痛、化腐拔毒、排脓敛疮、杀虫解毒等功效。主用于疮疡肿毒、跌打损伤、疥螨等。外用为主，也可内服。本类药物有毒，外用时用量不可太大，内服更需小心，以防中毒。

雄黄

雄黄为含硫化砷（AsS）的矿石。质量最佳者称“雄精”，其次称“腰黄”。采挖后去杂质，研细或水飞用。

[性味归经] 辛，温；有毒。归肝、大肠经。

[功效] 解毒、杀虫。

[应用]

(1) 解毒：湿热浸淫，气血凝滞，郁而化热，热盛肉腐，腐而成脓。本品辛能散结，温能活血，故常用于疗恶疮肿毒，为疗疮毒要药。如雄黄配白矾，名二味拔毒散，油调搽敷，治湿疹、疥癣；雄黄、苦参再加少许樟脑，布包为团，塞肛内治蛲虫；雄黄散（雄黄、白及、白蔹、大黄、龙骨）醋调搽敷患处，消肿止痛。内服如六神丸（雄黄、牛黄、冰片、蟾酥、麝香、珍珠）治咽喉肿痛。

（2）解毒避疫：如人马平安散（硼砂、雄黄、朱砂、硝石、冰片、麝香、郁金），可预防各种畜禽瘟疫病。

［主要成分］ 硫化砷（AsS）。

［药理作用］ 抗菌、消炎，增强免疫力，疗白血病。

［用量］ 牛、马：2~3g；猪、羊：1.5~3g；禽、兔：0.1~0.3g。

【附】 本品不能见热，遇热变为剧毒的三氧化二砷。

铅丹

铅丹又名章丹、广丹、黄丹，为四氧化三铅（Pb_3O_4）。原药用或炒用。

［性味归经］ 辛，微寒。归心、肝经。

［功效］ 外用解毒生肌，坠痰镇惊。

［应用］

（1）拔毒，祛腐生肌：如91丹（熟石膏9份、铅丹1份），肉芽不生，疮口不敛，脓水不清用之。再如55丹（熟石膏5份、铅丹5份），能加速坏死组织脱落，促肉芽形成。

（2）熬膏药必用原料（铅丹、麻油为膏药基质）。

（3）内服，与除痰安神镇惊药同用，可疗癫痫。

［主要成分］ 含四氧化三铅、一氧化铅及过氧化铅等。

［药理作用］ 能直接杀灭细菌、寄生虫。

［用量］ 牛、马：3~6g；猪、羊：1~2g。

硼砂

硼砂又名月石，为硼砂矿经精制而成的结晶。一名蓬砂。生用。

［性味归经］ 甘、咸，凉。归肺、胃经。

［功效］ 外用清热解毒，内服清热化痰。

［应用］

（1）清热解毒：主用于口舌生疮，咽喉肿痛，目赤肿痛。

如冰硼散。

（2）清热化痰：主用于肺热咳嗽，痰液黏稠之症。常配天花粉、青黛、浙贝等疗肺热咳嗽。

（3）能化石：配金钱草、海金沙疗砂石淋。

［主要成分］ 四硼酸钠。

［药理作用］ 对皮肤、黏膜有收敛保护作用。

［用量］ 牛、马：15～30g；猪、羊：2～3g；禽、兔：1～3g。

斑蝥

斑蝥为芫菁科昆虫南方大斑蝥（含斑蝥素1%～1.2%）或黄黑小斑蝥（含斑蝥素0.9%～1.3%）的虫体。有大毒。

［性味归经］ 辛，寒。归胃、肺、肾经。

［功效］ 攻毒蚀疮，破症散结。

［应用］

（1）外用攻毒止痒和腐蚀恶疮，内服解毒。

（2）近年用斑蝥防治病毒病如新城疫、猪瘟有效，兽用斑蝥口服液已有商品。据报道，3%复方斑蝥口服液，30日龄雏鸡，每次服1mL，1日2次，连用5天，新城疫多能治愈。

［有效成分］ 斑蝥素，其衍生物为去甲斑蝥素（毒性降低）。斑蝥素微溶于热水，易溶于丙酮、氯仿、乙酸乙酯、二氯甲烷。斑蝥酒浸液抹皮肤上能使皮肤起泡，内服过量引发胃肠出血

［药理作用］ 斑蝥有抗真菌、抗病毒、抗炎、抗肿瘤，升高白细胞、增强免疫力和促雌激素样作用。畜禽内服剂量6mg/kg体重。斑蝥，人中毒量为1g。

［用量］ 畜禽内服剂量6mg/kg体重（15只斑蝥重约2.4g）。

成人内服剂量为：0.03～0.06g配丹参、青黛可缓其毒。

【附】 斑蝥素提取（回流法）：斑蝥粗粉（过20目），7倍量丙酮，浸泡3小时，70℃回流提取3次，每次1小时。减压浓缩至片状晶体（0.69%）。

十七、驱虫药

能驱除或杀灭畜禽体内、体外寄生虫的药物称驱虫药。寄生虫能干扰畜禽组织器官生理功能，与畜禽争夺营养，虫体代谢产生的有毒物质，能引起畜禽中毒。所以，虫证一般机体会出现消瘦，生长迟缓或二便失调。

驱虫药多数是使虫体麻痹，所以必须使虫体迅速排出体外，为增强驱虫效果，必须配伍泻下剂。驱虫药用量要大，最好一次达治愈目的，但要紧防中毒。要空腹服用，先健胃再驱虫，效果会更好。驱虫时一定要注意畜禽的体质，体弱脾虚时可攻补兼施。驱虫过后要加强饲养管理，使虫去而不伤正。

使君子

使君子为使君子科落叶藤本灌木使君子的成熟果实。生用或去壳炒香用。

[性味归经] 甘、温。归脾、胃经。

[功效] 驱蛔虫。

[应用] 驱虫要药，主驱蛔虫。本品所含使君子酸钾对蛔虫体有麻痹作用。另外还可治蛲虫。微炒增效，驱虫作用缓和，不易伤胃，很安全，一般需连服2~3天，才能见效。

[主要成分] 使君子酸钾。

[药理作用] 使蛔虫先兴奋后麻痹。

[用量] 牛、马：30~60g；猪、羊：15~20g；禽、兔：1.5~3g。

南瓜子

南瓜子为葫芦科植物南瓜的成熟种子。研末生用，新鲜者效果好。

［性味归经］ 甘、温。归胃、大肠经。

［功效］ 驱绦虫。

［应用］

（1）主杀绦虫。主要是麻痹绦虫的体节，与槟榔可协同，常同用，以增强疗效。驱虫用量要大，槟榔用量是行气用量的10倍左右。每只成鸡驱绦虫用南瓜子20~40g，槟榔1.5~2g。南瓜子先服，停2小时，服槟榔煎液，再停半小时再服泻剂芒硝，以促虫体快速排出。

（2）南瓜子生用通乳（炒用无效）：南瓜子去壳（成人50~100g/次）内服，连用3~5天。家畜可参考人用量（以单位体重计来进行换算）。

［主要成分］ 南瓜子氨酸。

［药理作用］ 南瓜子麻痹绦虫中后段体节而起驱虫作用（槟榔麻痹绦虫头节，两者协同）。

［用量］ 牛、马：250~500g；猪、羊：60~90g；禽、兔：20~40g。

常山

常山为虎耳草科落叶小灌木黄常山的根。生用或酒炒。

［性味归经］ 苦、辛，微寒；有小毒。归肺、肝经。

［功效］ 清热解毒，杀虫，止血。

［应用］ 杀球虫、附红细胞体原虫和住白细胞原虫。常与白头翁汤合用防治球虫、鸡住白细胞原虫。

［有效成分］ 常山酮、生物碱。

［药理作用］ 能快速清除体内原虫。

［用量］ 牛、马：30~90g；猪、羊：3~15g；禽、兔：0.5~

3g（防治鸡球虫用量为每千克饲料拌 2g 常山粉）。

鹤虱

鹤虱为菊科多年生草本植物天名精或伞形科二年生草本植物野胡萝卜成熟干燥果实。生用或炒用。

［性味归经］　辛、苦，平；有小毒。归肝、大肠经。

［功效］　杀虫。

［应用］

（1）能杀多种肠内寄生虫，较多用于驱杀蛔虫、蛲虫、绦虫、钩虫。驱虫常与川楝子、槟榔等配伍。如杀肠中诸虫的化虫丸（鹤虱、槟榔、炒胡粉、苦楝根、白矾）。

（2）外用疗疥癣。

［有效成分］　天名精内酯、挥发油。

［药理作用］　驱杀绦虫、钩虫和蛲虫。对大肠、葡萄球菌有抑制作用。

［用量］　牛、马：15～30g；猪、羊：3～6g；禽、兔：1～2g。

【附】　天名精：亦能杀虫，但力弱。性寒，质轻入肺，能宣利气机，通调水道，主用于疗水肿和小便不畅。

雷丸

雷丸为多孔菌科植物雷丸菌的干燥菌核，多寄生在竹的枯根上。生用。

［性味归经］　苦，寒；有小毒。归胃、大肠经。

［功效］　杀虫。

［应用］　本品含蛋白酶（雷丸素）在肠内能破坏绦虫节片，所以主杀绦虫。另外对蛔虫、钩虫，也有一定破坏作用，故也可驱杀。研末单用，或配伍槟榔、木香等用。

［有效成分］　酶类（雷丸素）。此酶超过 60℃ 温度可被灭活，所以雷丸只能生用。

［药理作用］ 因可分解蛋白，故能破坏绦虫的体节。

［用量］ 牛、马：30～60g；猪、羊：6～12g；禽、兔：1～2g。

第三章 常用方剂

“方”含有准则、法度之意，“剂”含有配合、调和之意。临床上依据望、闻、问、剖（剖检：因畜禽很少切脉）获得的病情资料，进行辨证审因，确定疾病证型，依据证型，确定治疗法则。依据治疗法则（法度）和配伍原则，选若干味药物配合而成的，用以防治疾病的制剂，称为方剂。

古今方剂浩如瀚海，本书仅就临床常用兽用方剂做一介绍。

一、方剂组成

药物通过配伍组成方剂后，不仅能使药物互相协调、增强药效、减少或缓和某些药物毒副作用，还能兼顾得更为全面，更能适应复杂病情治疗的需要。

（一）组方原则

《素问·至真要大论》中说：“主病之谓君，佐君之谓臣，应臣之谓使。”即方剂的基本组成是君、臣、佐、使。

君（主）药：对病因或主症起主要治疗作用的药物。臣（辅）药：辅助君药加强君药药效的药物。佐药：其义有三，一是制约主药偏性或降低主药毒性作用，称制佐；二是协助主药治疗一些次要症状，称正佐；三是在温热剂中加寒凉药或寒凉剂中加温热药，以消除病势拒药，称反佐。使药：调和诸药功用，包括引药物直达病所的引经药。

（二）加减变化

方剂是依治疗法则组成的，因患病畜禽年龄、体质有差异，疾病过程中同一证型之症状变化也很大，即“病无常形”；正邪交争使病势处于动态进退，兼症或变症随时可以出现，治疗方剂也需随症变化，即“医无常方”。所以，在临床应用时，常常不能一成不变地原方照用，而要依据临床症状，按病性灵活地加减化裁，以病性而遣药，这样才能做到“师其方而不泥其方”。

1. **药味增减**　主证不变，即治则不变情况下，随病情不同进行药味加减，此称随证加减。如外感风热表证主症不变，若咽喉肿痛严重时，银翘散加板蓝根、马勃；若咳嗽重时，银翘散加贝母、桑皮、前胡等。主症已变，即治则改变情况下，方剂配伍要变化，如外感风寒表证，用麻黄汤治疗；若入里化热，病证转变成肺热咳嗽时，方中桂枝减去，加生石膏、黄芩、桑皮等，组成加味“麻杏石甘汤”方，进行治疗。

2. **药量增减**　药味不变，只增减药量，以改变方剂药力大小。如四物汤，若补血为主时，以熟地黄为君，加大其用量；若以活血为主时，当归为君，增大其用量。

3. **合方**　两个或两个以上方剂合并使用，目的是扩大方剂之作用。如气血双补时，常把补气的四君子汤和补血的四物汤合用，名“八珍汤”。

（三）方剂剂型

剂型是指药物制剂的形式，是依据病情需要和药物性质而制作的。随着医药学的发展，历代医家通过长期的临床实践，创造了许多剂型，兽医最常用剂型有：

1. **汤剂**　药物饮片加水煎煮而成的汤液，去渣内服或外用。一般内服方剂均可作汤剂。汤剂内服最大特点是吸收快速，最适用于急病或重病。

2. **散剂**　药物打成细粉，按比例混合均匀而成的干燥粉末，内服和外用均可。散剂多添加饲料中对鸡群或猪群进行保健或治疗。内服治疗作用速度虽慢于汤剂，但仍然迅速。外用可点眼、撒布、外敷，如拔云散点眼，桃花散新鲜创面撒布等。

3. **口服液**　用中药注射剂的生产工艺，将汤剂进行精制、浓缩、灌封、灭菌而成的液体制剂。具有剂量小，吸收快，质量稳定，携带服用方便，易于保存等优点。但价格较贵。主用于鸡病和猪病防治。因汤剂灌服体积大，易引起猪呕吐，口服液可克服此缺陷。如抗菌抗毒的银连口服液、清热解毒口服液等。

4. **注射剂**　从药材中提取有效成分，用有效成分配制成的可供肌内注射、静脉注射的灭菌溶液，是传统中药理论与现代生产工艺相结合的产物。如鱼腥草注射液，穿心莲注射液等。

5. **其他**　还有丸剂、膏剂、冲剂、片剂等，因畜禽临床应用不广，这里就不再详述。

（四）方剂用量

本书方剂中所标示的药物剂量，是散、煎剂马（体重300kg）1日内服剂量，牛、羊、猪、禽可按表1中标示的比例，换算出1日的内服剂量。个别非马用方剂，如增蛋散、君子仁散等，用量按方剂说明。

表1　畜禽散剂用药剂量比例

畜种	用药剂量比例	畜种	用药剂量比例
马（体重300kg）	1	猪（体重60kg）	0.15~0.2
牛（体重300kg）	1~1.25	鸡（体重1.5kg）	0.025~0.05
羊（体重40kg）	0.17~0.2		

二、解表方

肌表是畜禽的藩篱，六淫所伤，一般先出现表证。因致病邪气不同或机体对致病因子反应之差异，表证的临床表现亦有差别。

病因为风寒，且又以寒邪为主的表证，见发热，拱腰窄毛（恶寒），无汗，遇寒则抖，耳鼻四末发凉，口淡，苔薄白，鼻流清涕稀薄如水，脉浮紧，或见咳嗽。此称伤寒或表实证。

病因为风寒，且又以风邪为主的表证，见发热，汗出，遇风则抖，鼻塞流涕，口淡苔薄白，脉浮缓，或见咳嗽，此称中风或表虚证。

病因为风热的表证，见发热，无汗或有汗，口微渴或不渴，耳鼻四末温热，口色稍红，口津欠润，鼻流黏涕，咽喉疼痛，有时咳嗽。此称表热证（外感风热）。

治疗表证用汗法，“因其轻而扬之”。因致病邪气有寒热之分，所以解表剂亦有辛温、辛凉之别。

麻黄汤

［组成］ 麻黄45g、桂枝30g、杏仁45g、甘草15g。

［功用］ 发汗解表，宣肺平喘。

［主治］ 外感风寒（表实证）。

［方解］ 麻黄辛温，开泄腠理，表散风寒，发汗解表，宣肺平喘为君；桂枝助麻黄发汗，且能畅旺血行，补充汗源为臣。麻黄单用发汗力并不强，与桂枝相配，麻黄开泄腠理，通达毛窍；桂枝畅旺血行，充足汗源，相须而用，发汗力大增。杏仁平喘为麻黄之臂助为佐；甘草和中缓中，调和诸药为使。寒邪客表，卫阳被郁之风寒表实证用之最宜。

桂枝汤

［组成］ 桂枝45g、白芍45g、甘草30g、生姜45g、大枣20g。

［功用］ 解肌发表，调和营卫。

［主治］ 外感风寒（表虚证）。

［方解］　桂枝发汗解表，祛在表之风寒为君；白芍酸寒敛阴，既能补充外泄之营阴，又能止汗阻止营阴继续外泄为臣。桂枝得芍药散中有补，汗出有源；芍药得桂枝滋而能化，补而不敛。二药相伍，一开一合，一散一收，风寒之邪随汗而解，使营卫调和而不伤正。生姜助桂枝发汗，大枣助白芍调和营卫共为佐；甘草调和诸药为使。风伤卫表，卫阳失固，肌表空疏，营阴失守，汗液外泄之表虚证，本方多为首选。

［临床应用］

（1）风寒表证，因寒邪偏重或风邪偏重不同，分表实证和表虚证。二证均发热恶寒，但因寒性收引，则表实无汗，风性开泄，则表虚有汗。表实治疗需发汗解表，用麻黄汤；表虚治疗需发表解肌，调和营卫，用桂枝汤。

（2）临床上凡见，发热恶寒，拱腰窄毛，无汗发抖，耳鼻四末发凉，口淡，苔薄白，鼻流清涕稀薄如水，脉浮紧，或兼有咳嗽，属外感风寒表实证，用麻黄汤治疗。若咳嗽较重，用麻黄汤去桂枝，加生姜治疗（三拗汤：麻黄、杏仁、甘草、生姜），此时治疗方向由发汗为主变为止咳宣肺平喘为主。

（3）牛猪汗腺均不发达，马属动物虽有表虚证，但也不多发，所以，在临床上有时用桂枝汤加麻黄根、浮小麦，来治疗马属动物营卫不和引起的多汗证。

荆防败毒散

［组成］　荆芥、防风、柴胡、独活、羌活、川芎、枳壳、桔梗、前胡、党参、茯苓各 30g，甘草 15g。

［功用］　发汗解表，散风祛湿。

［主治］　外感风寒湿邪，以及时疫、痢疾、疮痈见有风寒表证者。

［方解］　外感风寒湿邪，除有外感风寒表实证症状外，还兼有肢体酸痛（湿证）。荆芥、防风、独活、羌活宣解表邪，发

散风寒，为君；川芎活血散风止痛，柴胡助解表邪，共为臣；前胡、桔梗止咳祛痰，枳壳降气宽胸，桔梗、枳壳一上一下，畅通气机，茯苓、甘草健脾和中以化痰，共为佐使，组成疗外感风寒兼有湿之主方。

[临床应用]

(1) 本方属时方，药味较多，性质平和，不像经方麻黄汤峻烈，即使药证有差错，也不易出现变证。所以兽医临床多用此方疗家畜风寒表证，有些在临床上，表寒、表热难以辨清的，因此方近于辛平之剂，所以，用之亦非常安全有效。

(2) 牛、马、猪流感是常发传染病，每年初冬、早春常有发生，用此方治疗多见良效。本病大都为良性经过。症见体温升高、窄毛恶寒、肢体疼痛、不愿行走，重者强行驱赶，猪常发尖叫，有阵咳。本方中有独活、羌活除湿止痛，川芎活血止痛，桔梗、前胡止咳祛痰，既解表驱邪治主症，又疗肢体疼痛和咳嗽治兼症。

(3) 仔猪、犊牛，稚阳稚阴之体或虚弱产后之体用此方时，方中要倍加党参，因党参能扶正祛邪，鼓邪外出，防邪内陷，最为安全。

(4) 痢疾、疮痈初起，有表证时，亦可倍加党参治疗，使更能培补正气，败其毒邪。

(5) 风热表证，误用麻桂，易出现变证，有时会很快化热入里，成为温疫；风寒表证，误用银翘散，症状也见减轻，但不彻底，反复服用，寒凉闭肺，能使咳嗽长期不愈。而用荆防败毒散很少出现变证。

银翘散

[组成] 金银花 45g、连翘 45g 、荆芥 25g、牛蒡子 30g、淡豆豉 30g、薄荷 30g、桔梗 25g、竹叶 25g、芦根 25g、甘草 25g。

[功用]　辛凉透表，清热解毒。

[主治]　外感风热，温病初起。

[方解]　外感风热，邪郁肺卫，卫阳被遏阻，正邪交争卫表，故发热。发热（体温升高）为其主症，卫阳被郁，累及肺系而见咽痛、咳嗽。咽痛、咳嗽是兼症。

本方清疏兼顾，以疏为主，金银花、连翘，疏透风热、清热解毒，共为君。荆芥、薄荷、牛蒡子散风热，淡豆豉透表热，助君药宣散之力，以逐邪出表，保护卫气；芦根清热生津，竹叶清心导热由小便而出，助君药清热解毒，以存津液，共为臣。桔梗宣肺利咽而疗兼证为佐。甘草调和药性为使。诸药相伍，一清一透一散，清透疏散，护卫气，生津液，为最常用辛凉解表方剂。

桑菊饮

[组成]　桑叶 40g、菊花 30g、杏仁 30g、连翘 30g、薄荷 15g、桔梗 30g、芦根 30g、甘草 15g。

[功用]　疏风清热，宣肺止咳。

[主治]　风热咳嗽，温病初起。

[方解]　外感风热，热邪阻肺，正邪交争肺系，肺气失宣，发为咳喘，咳是主症，卫阳被郁较轻。所以，本方所治之风热表证主症是咳，咳重，发热轻或无体温反应。

桑叶、菊花既能清肺降肺、润肺肃肺，又甘凉轻清、疏散风热，共为君。杏仁、桔梗，降肺宣肺，止咳化痰强化君药对主症的治疗；薄荷助菊花、桑叶凉散上焦风热，共为臣。连翘清热透表，芦根清热生津，护卫津液为佐。甘草调和诸药为使。诸药相伍，肺热得清、肺气得宣，咳嗽自止；上焦风热得清透疏散，则表证自除。

[临床应用]

(1) 两方均疗风热表证，温病初起，邪在卫分之主方。银翘散辛凉之性强于桑菊饮，为辛凉平剂，病机主为风热之邪遏阻卫阳，其主症是发热，咳嗽或无或轻，仅为兼证。桑菊饮为辛凉轻剂，病机主为风热壅阻肺系，肺失清肃，而发咳嗽，咳嗽是主症，发热很轻或无体温反应。

(2) 银翘散证若咳嗽严重，为肺失清肃加重，可桑菊、银翘两方合用；若见苔黄、口渴，为邪已入里化热，要去淡豆豉、荆芥，加知母、生石膏；若咽喉肿痛严重，为热毒已重，须加清热解毒药玄参、马勃、板蓝根、山豆根。

(3) 温和型禽流感，银翘散去淡豆豉、荆芥，加麻黄、杏仁、生石膏，防治效果理想。

三、清热方

表证已解，病邪入里化热、化火，但未见有里实之证，治疗用清热方剂。里热证有气分、血分之异，实热、虚热之分，脏腑偏胜之殊，因此，又有清气分热、清营血热、清脏腑热、清虚热和清暑热之分。热盛易伤阴津，故救阴存津，为除清热解毒之外，疗热病之又一主要法门。

此类药物多味苦气寒，易伤脾胃，用之太过，能损伤阳气，影响脾胃纳化，甚至热退寒生。所以，善攻热者，必不使元气有伤。

白虎汤

[组成] 生石膏250g、知母45g、粳米45g、甘草15g。

[功效] 清热生津。

[主治] 阳明经证、温病气分证及脏腑气分热证。主要临床症状为舌红、苔黄，身热汗出，肌肤灼热，口大渴，脉洪大。

[方解] 生石膏甘寒，清热生津，透肌热，泻肺、胃之火为君。知母清热养阴，清泻肺、胃热为臣。石膏、知母相须而用，清热除烦之力尤强。甘草、粳米味甘养胃阴，又能防生石

膏、知母寒凉伤胃，为佐使。本方清热兼生津，邪入阳明，热灼于胃，症见身热、汗出、口渴、脉洪者可放胆使用。若体弱、脉细者可加人参（或党参），气阴双补，称白虎加参汤。若舌红、苔腻，体倦为气分热挟湿，可加苍术以燥湿，称苍术白虎汤。

［临床应用］

（1）机体阳盛，或素有内火，伤之于胃，引起胃火（碱性胃卡他），症见食欲减少，饮欲增加，口红、苔黄，大便干硬，上颚肿胀高出牙齿，口内有甘臭。用白虎汤加青皮、枳壳、芒硝、三仙，清胃热而生津，和胃降气而进食。若再配合玉堂穴放血，疗效更捷。

（2）真胃炎，多因采食霉败饲草或饲料所致，犊牛较多。症见反刍减少，大便干燥，舌红、苔黄，口内甘臭。用白虎汤加生地黄、六曲、大黄、莱菔子、大腹皮。重用生石膏主清胃火，辅以理气健胃，多可治愈。但必须停喂霉败草料。

（3）口舌发炎，家畜常发，其因可分外伤、心火上炎和胃火熏蒸。胃火熏蒸型多见大便干燥，齿龈上颚肿胀，口内有甘臭味，可用白虎汤加减（生石膏、知母、芒硝、大黄、生地黄、黄连）治疗。

黄连解毒汤

［组成］ 黄连 90g、黄芩 60g、黄柏 60g、栀子 45g。

［功用］ 泻火解毒。

［主治］ 疗一切热毒证，如三焦热盛、身大热甚至发斑；热毒下痢、湿热黄疸；疮痈初起及畜禽温疫。

［方解］ 热极化火，火极化毒，解毒必泻火，心主火，所以泻火必泻心，黄连泻心火兼泻中焦之火，为君药；黄芩清肺热兼泻上焦之火，黄柏泻下焦之火，栀子通泻三焦之火，导其火热下行，随小便而出，共为臣佐。四药合用，苦寒直折，能泻其亢盛之火，救其欲绝之水，有强大扶阴抑阳之功，是清热解毒主要

基础方剂。

[临床应用]

(1) 本方为疗热毒蕴积胃肠，灼伤肠道引起的下痢脓血主方。若再适当加配理气药木香、导滞药槟榔，则疗里急后重、下痢脓血，力更专，效更捷。

(2) 黄连解毒散加味可广泛用于畜禽的急性疫病（主指传染病），如本方加连翘、穿心莲、仙人掌、黄芪、板蓝根、大黄组成的经验方“败毒威”，对猪无名高热证预防效果十分显著。

(3) 急性禽霍乱是以发热、腹泻、全身实质脏器出血为主症的败血症，属温疫营血分证，治必清热解毒，凉血散瘀。对鸡群来说，急性禽霍乱发病鸡很少治愈，多数死亡，所以主要是鸡群预防，预防需用清热解毒重剂，黄连解毒散再加连翘、金银花、生石膏、大黄、穿心莲，丹参、赤芍、板蓝根，以增强解毒药力。按 1.5%比例拌料饲喂，连续用药 5 天，可控制其在鸡群中蔓延。

(4) 禽败血型葡萄球菌病，临床除发热、冠髯发紫外，最大特征是胸腹或翅下积有污水败血，为温毒所致。温毒壅阻于内，秽浊外泄，搏结于皮肤而成恶血。治以清热解毒、消肿散结，活血化瘀。方用黄连解毒散加野菊花、板蓝根，使解毒之力更雄，再加消肿散结的蒲公英、紫花地丁，活血化瘀的当归、赤芍。以 1.5%比例拌料，连用 5 天，可控制病情。

(5) 本方加紫花地丁、蒲公英疗疮癀疔毒；加车前、木通疗尿急尿痛；加大黄、芒硝釜底抽薪与扬汤止沸相结合，疗猪产前大便干结严重。

凉膈散

[组成] 连翘 60g、大黄 30g、芒硝 30g、栀子 15g、薄荷叶 15g、黄芩 15g、竹叶 10g、甘草 30g，蜂蜜为引。

[功用] 清上泻下，泻火通便。

[主治] 上中焦热邪炽盛。症见：便干不爽，口渴尿赤，口舌生疮，舌红、苔黄，咽痛鼻衄，鼻镜或鼻唇镜干裂。

[方解] 本方病位在胸膈，病机是热郁胸膈，热邪炽盛，症见一派热象，如火邪上炎见口舌生疮、咽喉肿痛，火邪灼伤血络则衄血。

连翘用量最大，清热解毒，清心透散为君；黄芩、栀子清热泻火，薄荷、竹叶清心凉散，大黄、芒硝清导实热，以泻代清，釜底抽薪，使本方清上达下并行，共为臣；蜂蜜、甘草缓其急迫，保护肺胃之气为佐使。总之，方中连翘、黄芩、薄荷、竹叶清散火热于上，芒硝、大黄之猛荡热于下，上升下行，胸膈郁热自清。

[临床应用]

(1) 上、中焦火热炽盛时，本方用之均有良效，如既有肌肤灼热，口渴贪饮，又有大便干硬，难以排出的阳明经腑同病，本方最为对症。

(2) 本方常用于心经积热、胃热炽盛所致的畜禽口舌生疮，咽喉肿痛症。

清营汤

[组成] 水牛角 90g、丹参 30g、玄参 45g、生地黄 60g、麦冬 45g、黄连 25g、金银花 45g、连翘 30g、竹叶卷心 15g。

[功用] 清营解毒，透热养阴。

[主治] 邪热初入营分，症见发热，热度虽不高，但午后热甚，舌绛无苔，冠髯发绀，口干微渴或不渴，脉象细数，皮肤出血点隐约，鸡腿部鳞片下出血。

[方解] 温病邪入营分，病位已深。因热邪最易劫津伤阴，所以治疗首要是清热解毒，护津养阴；其次，因邪热初入营阴，仍能透热由营转气，使病邪外出而解。

水牛角清热解毒，泻火凉血为君；生地黄、麦冬、玄参清热凉血养阴护液为臣；黄连、金银花、连翘、竹叶卷心清气分热，透热转气为佐；丹参活血凉血，防血与热结，使全方凉而不瘀为使。数药配伍，共奏清营解毒、透热养阴之效。

[临床应用] 本方为清营分热主方，传染病热入营分时均可应用，如猪瘟、丹毒等。若病邪入营过深可去黄连；若口渴，气分热仍盛者，可加知母、石膏。

解毒地黄汤

[组成] 水牛角 100g、生地黄 150g、白芍 60g、牡丹皮 45g。

[功用] 清热解毒，凉血散瘀。

[主治] 温病血分证。症见发热夜甚，鼻镜或鼻唇镜干裂，强力刺激亦不见有汗，舌绛无苔，冠髯发紫，皮肤见出血斑点，衄血、便血、尿血等。

[方解] 温病血分证，病已至后期，病位已深达肝肾，热毒灼伤血络，上溢衄血，下溢便血。从现代医学病理看，实质脏器发生严重器质病变，血液黏滞度增高，血中有毒代谢产物增多，所以，清热解毒、凉血散血是此证治疗铁则。

水牛角（犀角）清热解毒、清心凉血为君；生地黄凉血养阴灭火为臣；牡丹皮凉血祛瘀，白芍敛阴生血，共为佐使，四药合用，清热兼养阴，使热清血宁而无耗血之虑；凉血兼散瘀，使血止而无留瘀之弊。

[临床应用] 本方为疗温病热入血分的主要方剂，温病后期症见舌绛无苔，发热夜甚，口干但又不多饮，便血、尿血，可视黏膜出血，非本方重剂不治。现代医学畜禽传染病，不论什么传染病名，只要符合此证型，均可放心使用。

清瘟败毒散

[组成] 生石膏 120g、知母 30g、生地黄 30g、水牛角 60g（原方犀牛角）、黄连 20g、栀子 30g、桔梗 25g、黄芩 30g、赤芍

30g、玄参30g、连翘25g、牡丹皮30g、淡竹叶30g、甘草10g。

[功用]　清热解毒，凉血救阴。

[方解]　本方系由白虎汤、黄连解毒汤、犀角地黄汤等组合而成。生石膏直入肺、胃经，退气分淫热为君。知母助其清气为臣。黄连、水牛角、黄芩泻心肺之火于上、中焦；牡丹皮、赤芍、栀子泻肝经之火，救欲绝之水；桔梗、淡竹叶载药上行，共为佐。甘草和胃为使。

淫热火毒外窜经络，内攻脏腑，致使毒邪充斥上下内外，症现一派热毒盛极之象，本方大寒，清热解毒，能杀其炎炎之势，因病主在气，故特别重用生石膏清气，甚者先平，诸经之火自无不安。临床上火毒燔灼气营（血）所致之壮热口渴，冠髯发绀，热毒发斑，温毒红肿，清瘟败毒散为必用之品。

[临床应用]

（1）临床凡见，耳鼻发热，角热，肌肤灼热，鼻镜或鼻唇镜干裂，舌苔黄燥，口色暗紫，脉象细数，便干尿浓，可视黏膜出血之气血两燔证，不管西医是什么传染病名，都可异病同治。如猪瘟、蓝耳病等。

（2）近年来本方在引入禽病防治上获得很好效果。

1）感染温和型禽流感病毒鸡群，临床常见到产蛋正向高峰冲刺时，突然出现蛋壳色泽变淡，产蛋率徘徊不升甚至下降，个别鸡流泪，睑肿，眼周围像戴眼镜样，冠髯发绀。原方加贯众治疗，效果显著。因病势和缓，用中剂量即可，以0.5%比例拌入饲料中连用5~7天，可控制病势。若再在饲料中添加3倍量复合多维，疗效更好。

2）对鸡新城疫病毒，循环抗体达9log2时才能抗黏膜局部感染，鸡群中这样高的滴度很难维持，所以，黏膜局部感染引起的非典型新城疫，在产蛋鸡群很难杜绝，经常发生。病毒对输卵管、泄殖腔黏膜亲和力很强，极易感染、复制，而出现褪色蛋、薄皮蛋，产蛋率下滑几个百分点。有的鸡群可能因存在免疫抑制，用Ⅳ系苗甚至不止一次免疫，效果均不佳。而用清瘟败毒散0.5%~1%比例拌料连用5~7天，多数能基本痊愈。

3）鸡大肠杆菌病与家畜不同，家畜感染大肠杆菌，主型病位主在消化道，如仔猪白痢，犊牛腹泻。鸡大肠杆菌病的主型是败血型，是全身性菌毒血症，需清热解毒，凉血止痢。以清瘟败毒散原方加白头翁、黄柏、丹参进行防治，效果优于西药制剂。

4）输卵管炎为蛋鸡多发病，特别是种鸡。发病鸡群的产蛋率一般下降3%~5%，产薄皮蛋、斑雀蛋，有的蛋壳上附有血液，虽无死亡，但缠绵难愈，又易复发，反复使用几次西药后效果不再明显，给养鸡业者能带来不小损失。方用清瘟败毒散加牡丹皮、大黄、牛膝，以0.5%比例拌料连用3~5天可控制病势。以后采用脉冲式给药法，即间隔10~15天用一次药，每次0.5%比例拌料，连用5~7天，可确保蛋壳质量，对种鸡有特殊意义。

白头翁汤

[组成] 白头翁60g、黄连45g、黄柏30g、秦皮45g。

[功用] 清热解毒，凉血止痢。

[主治] 《伤寒论》云："下痢欲饮水者，以有热故也，白头翁汤主之。"可知本方是治热毒深陷血分，引起的热痢肠炎主方。

[方解] 白头翁清大肠血热，专治热痢为君；黄连清化湿热而固大肠，黄柏清下焦湿热，秦皮清肝经湿热凉血止痢，三药相辅相佐，主用于湿热郁于血分的肠黄热痢。

[临床应用]

(1) 常用于治疗仔猪黄白痢，犊牛、羔羊痢疾，禽大肠杆菌病、沙门杆菌病（白痢）及坏死性肠炎。

(2) 本方加地榆炭、荆芥炭、炒蒲黄、黑栀子，疗牛湿热血痢有良效。

（3）鸡盲肠球虫病，发病急骤，痢下脓血，属疫毒痢。毒邪与食滞交阻肠道，疫毒内蒸胃肠，气滞血壅，肠传导功能失司，通降不利，导致肠道黏膜和血络俱受损伤，秽浊相杂而血痢，白头翁散再配伍杀原虫专药常山、青蒿，导泻药大黄，凉血止血药地榆、仙鹤草。杀虫清热、止痢止血、杀菌导泻，本标兼治，疗效理想。

鸡住白细胞原虫病是蛋鸡又一常发病。幼鸡多见急性，温热毒邪迫血妄行，见咯血、肝脏出血等。治疗用白头翁散再配伍杀原虫药青蒿、苦参，清热解毒药野菊，凉血止血药地榆。产蛋鸡多见亚急性或慢性，以贫血、腹泻为主，在治疗时用白头翁散加杀原虫专药，再加党参、黄芪等补气药，补气摄血，扶正祛邪。

通肠芍药汤

[组成] 赤芍 30g、黄芩 30g、黄连 10g、木香 18g、枳实 18g、大黄 30g、元明粉 30g、山楂 45g、槟榔 24g。

[功用] 清热泻火，导滞止痢。

[主治] 热毒痢疾。

[方解] 黄芩、黄连苦寒清热泻火，坚阴止痢为君；大黄、芒硝通肠泄热、导滞，助黄连、黄芩，为臣；木香调气，赤芍活血，大白、枳实、山楂消积导滞，共为佐使。诸药共伍，清热解毒，调气和血，泻火导滞，“行血则便脓自愈，调气则后重自除”，肠黄泻痢，症见下痢脓血，里急后重者，此方必选。

[临床应用] 本方源于《牛经备要医方》，主治牛痢疾。牛痢疾与现代兽医学中具有传染性的牛副结核杆菌引起的慢性持久性痢疾、球虫引起的混有血块之痢疾，主发于冬季弧菌性痢疾和无传染性散发痢疾症状均相似。依据异病同治原则，都可用本方通过加减进行治疗。白多赤少为湿重于热，邪在气，则加苍术、厚朴、藿香、陈皮，芳香化湿；赤多白少为热重于湿，邪在血，则加白头翁、秦皮、黄柏清热燥湿；夹有积滞，见痢下不爽、肚

腹胀满、弓腰努责，加生大黄、莱菔子、生神曲，消积导滞；体虚久痢已无热象时，可减黄芩、黄连、大黄、元明粉，加党参、黄芪、白术等。

清暑香薷饮

[组成] 香薷 25g、滑石 90g、藿香 50g、青蒿 50g、佩兰 30g、知母 30g、石膏 60g、杏仁 30g、陈皮 25g。

[功用] 清热解暑，利气化湿。

[主治] 中暑。

[方解] 香薷、藿香、佩兰清热解暑，化湿和中为君；青蒿、知母、生石膏泻火退热，寒凉清解，共为臣；杏仁宣肺于上，陈皮理脾于中，滑石利水于下，气机通畅，暑热自解，共为佐使。诸药合用，共奏清热解暑、行气化湿之功。

[临床应用]

(1) 暑为热之极，为长夏主气，天炎下逼，化为暑邪，中暑家畜见肌肤灼热，体温升高，张口喘气，可用本方治疗。

(2) 禽中暑又称热衰竭，每年夏至至处暑蛋鸡常有发生，特别是大规模密集型笼养蛋鸡最为严重，死亡率高，损失惨重。中暑鸡群，见肌肤灼热，张口喘气，口渴暴饮，烦躁不安，体温升高至 45~46℃，继之，暑邪灼伤营阴，气随液脱，虚脱惊厥、昏迷死亡。笼养蛋鸡，多不耐受阳光直射，虽暑必加湿，但更为主要的是暑邪耗气，暑伤营阴。

清暑香薷饮，主为清暑化湿，无益气养阴之功，所以疗鸡中暑，本方中最好去掉陈皮、杏仁，再加益气养阴之品如党参、麦冬、竹叶、沙参、西瓜翠衣（西瓜皮）。作为饲料添加剂，按 0.5%~1%比例添加，以预防中暑。

导赤散

[组成] 木通 30g、生地黄 30g、竹叶 15g、甘草梢 30g（一方不用甘草，用黄芩；一方多灯芯草）。

［功用］　清热利水。

［主治］　心经热盛，或心热下移小肠所致之口舌生疮，小便涩赤。

［方解］　心经热盛，故口舌生疮；心热下移小肠，故尿赤短而涩。病位在心经，木通清心降火，泄热利水，生地黄清热凉血养阴，二药合用利水而不伤阴，泻火而不伐胃，共为君；淡竹叶清心，导热下行从小便而出为臣；甘草梢清热通淋，导热达下为佐使。诸药合用清热养阴，利水导热，是清心利水的常用方剂。若心经热甚，加黄连，更甚加大黄，釜底抽薪。

［临床应用］

（1）舌炎、口炎：舌为心之苗，心经积热，循经上攻于舌，致使舌体肿胀发炎，舌与口关系密切，几乎都同时受害。用本方加黄连、栀子、连翘、大黄内服，疗效甚佳。

（2）膀胱炎、尿道炎：心热下移小肠所致之尿频、涩痛、赤短，可用本方加栀子、石韦、滑石治疗。

四、补养方

用以补益气、血、阴、阳不足和扶助正气，治疗虚证的方剂，称补养方剂。有补气、补血、补阴、补阳之分。由于气血相因，阴阳互根，故补气与补血、补阴与补阳又每每配合应用。

血不能自生，必须得补气药之助，血才自旺，所以补血剂中常配以补气药，以助生化。而补气时，一般很少配补血之药，以防阴柔伤胃。

善补阳者必阴中求阳，阳得阴助而化生无穷，善补阴者必于阳中求阴，阴得阳生，源泉不竭。因此，补阳时，要辅以补阴之品，使阳有所依。补阴时要辅以助阳之品，使阴有所化。

在用补益剂时要注意脾胃功能，脾胃运化无力时，应先理气健脾，和胃消食，然后再进行补益。

四君子汤

[组成] 党参60g、白术60g、茯苓60g、甘草30g。

[功用] 益气健脾。

[主治] 脾胃气虚，症见口色淡白，脉象细微，怠倦嗜卧，四肢无力，耳耷头低，食少便溏，叫声低微。

[方解] 脾为后天之本，气血化生之源，所以补气必先补脾。脾喜温暖爱芳香，故补脾必用甘温气香之四君。

党参（或人参）补中益气为君，白术燥湿健脾、辅助运化为臣，茯苓渗湿健脾、除中焦水湿为佐，甘草补脾和中为使。诸药合用，脾健气充，饮食倍增。四君子汤虽为疗畜禽脾胃虚弱的基础方，但因补而病症自除，因补而诸脏受荫，故四君子汤也是补气的基础方。

[临床应用]

(1) 本方为补气基础方，很多补气健脾方剂都是由此变化而来。脾主运化水谷精微，运化力弱，则必现水反为湿，谷反为滞的病理，所以脾虚多兼有水湿或气滞。兼气滞可加陈皮，名五味异功散；挟痰湿，加陈皮、半夏，理气化痰，名六君子汤；兼寒湿滞留中焦，加木香、砂仁，理气醒胃，名香砂六君子汤。兼见虚热，加黄芪、扁白豆、姜、枣，名六神散。

(2) 四君加山药、白扁豆、薏苡仁、陈皮、桔梗，组成疗脾虚作泻方“参苓白术散”。脾气虚弱，运化无力，清浊不分，胃肠阳气下陷，出现食欲减退，完谷不化，泻粪带水，粪无臭味，倦怠无力，马常四肢伸直横卧等，一派脾虚泄泻症状。方中四君补脾益气，白扁豆、山药、薏苡仁健脾渗湿，佐陈皮理气行滞，使桔梗疏通气机，使补而不滞，行而不散，中气得补，脾气得健，则虚泻自愈。

(3) 本方去党参，加神曲、槟榔，组成“健脾理气散”，为疗牛羊前胃弛缓常用方，虚寒者加茴香、干姜、草蔻；湿热者加茵陈、龙胆草；湿寒者加苍术、厚朴、藿香；肝脾不和者加柴胡、龙胆草。

（4）以T淋巴细胞、B淋巴细胞为靶细胞的疾病，如马立克病、法氏囊病、传染性贫血因子病等，鸡场普遍存在，因此，鸡群的免疫抑制现象十分严重。四君子散是复方免疫增强剂，若再配伍黄芪、淫羊藿、女贞子、刺五加等单味免疫增强药物，增强免疫效果会更好。在疫苗接种前5天、后5天，按1%~1.5%比例添加饲料中饲喂，用来增免，以提高鸡群抗病力和健康度。

补中益气汤

[组成]　炙黄芪90g、党参60g、炒白术60g、升麻30g、柴胡30g、当归60g、甘草45g、陈皮60g。

[功用]　补气升阳，调补脾胃。

[主治]　脾对气血、津液有固摄作用，对脏器位置有固定作用。脾气虚衰，固摄无力，出现脱证或久泻久痢。

[方解]　脾虚固摄失权，使津、气、血失摄，脏器位置失固。党参、黄芪补脾益气为君；白术、甘草温补脾土为臣；当归养血活血，陈皮理气导滞，气血兼顾，柴胡、升麻升举清阳，共为佐使。脾气虚弱，中气下陷，引起的畜禽食欲减退，肛脱、阴道脱等，本方最为常用。

[临床应用]

（1）补中益气汤是兽医临床最为常用的基础方剂，原方加益母草、枳壳疗子宫脱、阴道脱；加茯苓、乌梅、神曲疗肛脱；加车前子、茯苓疗膀胱麻痹，小便不通；加木香、赤石脂、槟榔疗下痢脓血；加干姜、砂仁、五味子、肉豆蔻疗久泻；加地榆、槐花、乌梅疗便血。

（2）因脾能摄血，故本方可用以疗慢性出血，如血小板减少性出血。

增蛋散

［组成］ 淫羊藿100g、党参50g、刺五加40g、菟丝子40g、女贞子100g、益母草40g、艾叶50g、焦三仙各50g，陈皮30g、枳壳30g。

［功用］ 补肾、健脾、增蛋。

［主治］ 产蛋下降。

［方解］ 蛋的生成靠的是心气的主导，肾气的激发，脾气的运化，肝气的疏泄，肺气的宣发，是靠五脏功能的协同作用，所以，一个高产蛋鸡群，必须是五脏安和的健康鸡群。然而，五脏中起主要作用的为脾、肾。摄取的饲料，必须经胃气的受纳，脾气的运化、输布，才能化生为水谷精微，输布全身。肝脏才能合成卵黄，输卵管膨大部才能合成卵白，蛋才能生成。党参、陈皮、枳壳、焦三仙，健脾、理气、和胃、消食，为君。

没有肾气的激发，雌激素不能正常生成、分泌，肝脏合成卵黄物质不能启动，输卵管、卵巢不能发育至产蛋状态，垂体-肾上腺-卵巢激素轴不能活化，产蛋无法启动。所以，增蛋必须补肾气、温命门，暖下焦胞宫。淫羊藿、刺五加、菟丝子、艾叶，补肾命，温下焦，暖胞宫，共为臣。

然而，振奋维持命门功能，必耗大量肾精（肾阴），这又易导致“火起锅干”，故还须配伍滋补肾阴之味。而补阴之同时再配伍少量活血药，以防留瘀，更为理想，女贞子滋肾，益母草活血，共为佐使。

诸药相合，补肾健脾，行气消食，增进食欲，使血海充盈，任通冲盛，产蛋增加。

［临床应用］

（1）开产不久的蛋鸡群，若鸡群健康，整齐度好，体重、胫长达标，产蛋率每天以5%速率上升，无须添加增蛋药物。至峰值后期，为延长峰值期，增蛋剂可适时添加。

（2）多数鸡场，不注意峰值前的促进营养，特别是不注意满足蛋白质和蛋氨酸的需求，鸡必动用体贮产蛋，结果，身体透支，引起产蛋量下降，这样的鸡群，在添加增蛋药同时，必须再增加营养，增蛋效果才能十分显著。

（3）鸡群进入产蛋后期，产蛋率一般会以每周 0.7%速率下降，此时用增蛋药，能减缓下降速率，延长鸡群经济寿命。

（4）疾病引起的落蛋，病愈后增蛋药与增加营养配合应用，会使产蛋迅速上升，但若产蛋降幅很大，也很难恢复至理想水平。如产蛋率 90%以上鸡群，因流感降至 50%以下，病愈后产蛋能升至 80%～85%，已属理想。

四物汤

［组成］ 熟地黄 75g、当归 50g、白芍 50g、川芎 30g。

［功用］ 补血调血。

［主治］ 血虚、血滞及各种血证。

［方解］ 熟地黄大补肾阴而生精血，用量最大，为君；白芍养血敛阴，为臣；当归补血活血，川芎行气活血，共为佐。熟地黄、芍药纯阴之品，血中之血药，无温养流通之力，必以当归、川芎之辛，行血中之气以流通之，才不致出现熟地黄、白芍补而生瘀之弊。此方为补血而不滞血，行血而不伤血，偏温而不燥，滋而不腻，使营血恢复，周流无阻，故为补血通剂。

［临床应用］

（1）本方是疗血证基础方，若以养血、和血的当归为君药，川芎、白芍辅助当归活血养血及熟地黄少量养血为佐，本方变为活血通经之方；若以活血化瘀的川芎为君，当归、白芍改用赤芍为臣，熟地黄为佐，则又变成了活血化瘀之方。若以白芍为君，当归、川芎为臣，熟地黄为佐，则更成了缓急止痛之方。所以有“血家百病此方宗”之说。

（2）四物汤为家畜产科疗不孕症常用方，当归与熟地黄用量调换，加淫羊藿、阳起石、党参、黄芪疗猪断奶后，失重过多不发情；熟地黄改为生地黄，白芍改赤芍，再加黄芩、黄柏、牡丹皮疗猪子宫炎；加苍术、半夏疗猪过肥性不孕等。

六味地黄丸

［组成］ 熟地黄80g、山萸肉40g、山药40g、泽泻30g、茯苓30g、牡丹皮30g。

［功用］ 补肾滋阴。

［主治］ 肾阴不足。

［方解］ 本方熟地滋肾填精，泽泻利水泻肾浊，防熟地黄黄滋腻而济之；山萸肉益肝补肾，涩精秘气、牡丹皮清泻肝火，退骨蒸，制山萸肉湿涩以佐之；山药收摄脾气、补脾固精，茯苓淡渗脾湿以和之。一补一泻，一开一合，补中有泻，寓泻于补，通补开合，相须相使，寒热不偏，构成三阴并治的基本方剂。

［临床应用］

（1）肝肾阴虚，虚火内扰，症见潮热盗汗，腰膝无力，口燥乏津，舌红、无苔等，一派阴虚内热之象，用此方最为合拍。本方为补阴之基础方。

（2）原方加知母、黄柏，名为知柏地黄丸，滋阴降火之力更强，常用于马、猪配种过度，肾精亏损，肝肾阴虚，相火内炽，心火妄动所致之性欲减退、垂缕不收、滑精及盗汗。

（3）本方加枸杞子、菊花为明目地黄丸，用于疗肝肾虚损所致之目昏睛暗。

（4）本方加五味子名为都气丸，纳气平喘，用于肾阴虚气喘；加麦冬、五味子，名为麦味地黄丸，滋阴敛肺，用于肺肾阴虚。

催情散

［组成］ 淫羊藿60g、阳起石40g、当归20g、黄芪20g、益母草30g、香附子30g、菟丝子25g、女贞子20g、山药30g、熟

地黄 20g。

［功用］　补气血，温肾壮阳。

［主治］　母畜肾虚衰，不发情。

［方解］　本方主治脾肾虚衰，不发情。淫羊藿、阳起石温肾壮阳，促进发情，为君；熟地黄、山药、黄芪、当归、菟丝子，益气固肾，补气养血，为臣；香附子疏肝理气调经，益母草活血通经，女贞子滋补肝肾之阴，共为佐使。本方温肾助阳，气血双补，且以强肾助阳，促进发情为主之方剂。

［临床应用］　家畜气血耗损，肾气亏虚所致之不发情或发情微弱，均可用此方治疗。临床上猪断奶后不发情，可以 1%～1.5%比例拌料，连用 5～7 天，效果确实，发情即可配种。

保胎无忧散

［组成］　当归 50g、川芎 20g、熟地黄 50g、白芍 30g、黄芪 30g、党参 40g、炒白术 60g、枳壳 30g、陈皮 30g、黄芩 30g、苏梗 30g、艾叶 20g、甘草 20g。

［功用］　补养气血。

［主治］　安固胎元。

［方解］　方中四物汤加党参、白术、黄芪，可补气、养血、安胎；枳壳、陈皮、苏梗理气安胎；黄芩清热安胎。因产前不宜热，加黄芩反佐，艾叶温胞宫安胎。诸药合用补气血，畅气机，暖胞宫，安胎元。主用于因虚而致的胎元失固，胎动不安。

［临床应用］

（1）猪早期胚胎死亡有两个关键期：一是受精后的第 9～13 天，合子附植期；二是受精后的第 3 周，器官分化期；两期死亡胚胎占胚细胞总数的 30%～40%。此期，本方为末混匀，1%比例拌料，连用 4～5 天。促进子宫发育，减少胚胞早期被吸收，增加产仔数。

（2）牛受孕后 10～12 天，是胚胎最易被吸收时间，此期可每天于料中加喂 200g 本品，防胚胞早期被吸收。

生脉散

[组成] 党参 90g、麦冬 60g、五味子 30g。

[功用] 益气生津，敛阴止汗。

[主治] 气阴两伤证。

[方解] 党参（人参）甘温益气生津，补阳生阴为君；麦冬甘寒，清热养阴生津为臣；五味子敛肺生津止汗为佐。心主脉，肺朝百脉，补肺清心，气充而脉复，故称生脉散。

[临床应用]

（1）暑热炎天，热伤元气，汗出过多，阴津亏耗，气短口渴，体倦乏力之伤暑证（热射病），本方益气生津，振奋元气，气足津生，暑证自除。

（2）久咳肺虚，气短自汗，干咳无痰，气津两伤，本方敛肺止咳，益气生津，肺气自顺。

五、泻下、消导方

具有通大便、除积滞、荡涤实热、攻逐水饮等作用的方剂，称泻下剂。主用于粪便不通，实热内结，胃肠积滞，水饮内停等病症。泻下剂大多药性峻猛，孕畜、产后及津伤亡血者均应慎用，必需时可攻补兼施或用润下剂。泻下剂易伤胃气，所以须中病即止，不可过用。

消者散其积也，导者行其气也。凡具有消食导滞，消痞化积作用，主要用于治疗食积不化，草料停滞的方剂，称消导剂。消导与泻下在临床应用上是有区别的，泻下适用于急骤的有形实邪，消导则用于渐渐形成的痞满积聚，是渐消缓散之剂。然而，消导剂亦属克伐之剂，纯虚无实之证，要慎用。

大承气汤

［组成］　大黄60g、芒硝250g、枳实60g、厚朴45g。

［功用］　峻下热结。

［主治］　阳明腑实，热结胃肠。

［方解］　承者顺也，使滞者可利，闭者可通，正气得复，故曰承气。本方主症为燥、实、痞、满。燥屎秘结，化热劫津，治需釜底抽薪，急下存阴。大黄苦寒，生用清热通便力猛，后下而效更大，以除燥结为君；芒硝咸寒，软坚散结润燥为臣；枳实除痞，厚朴消胀为佐使。四药相伍，峻下力猛。凡大肠气机阻滞，肠道燥结不通，需行气破结，急下存阴时，为必用之方。其用法是枳实、厚朴先煎，大黄后下，大黄的导泻成分是蒽醌类，有挥发性，不宜久煎；芒硝水溶后内服，水量要足，要使芒硝浓度在10%以下。

［临床应用］

（1）马、驴便秘疝，突然发病，腹痛起卧，肚腹胀满，口干、苔黄，需泄热通便，急下存阴，大承气汤最为首选。现临床上疗便秘疝的大法是通、静、补、护，减压。静是镇静，用安乃近或水合氯醛；补是补充水分和电解质；肚胀者放气，减压；护是泻下后的护理。马、骡急性肠炎，泻粪如浆，气味恶臭，早期也常用小剂量大承气汤，通因通用。中医所说“热结旁流”，即属胃肠炎之类。

（2）牛、羊前胃积滞、瓣胃阻塞、真胃阻塞或变位，都可用大承气汤为基础方进行治疗。

（3）大承气汤去枳实、厚朴加甘草为调胃承气汤。上焦有热用调胃承气，以泻代清，釜底抽薪，常用于治疗心经有热引起的心烦狂躁；胃肠燥热引起的咽喉肿痛等。

（4）母猪妊娠后期，因很少运动，致胃肠积热，导致肠道燥热，津液失于输布而不能下润，引起大便干结，难以排出。用调胃承气汤有效，但因有大黄，往往停药后易复发，效果不理想。用调胃承气去大黄、甘草加麻仁、生地黄、玄参，重用麻仁，制成粗粉，0.5%~1%比例拌料饲喂，可有效预防。

保和丸

［组成］　山楂180g、陈皮30g、半夏90g、莱菔子30g、茯苓90g、连翘30g、神曲80g。

［功用］　消食和胃。

［主治］　消化不良。

［方解］　山楂、神曲消一切食物停滞于胃，特别是谷食类，为君；因滞易生湿，故以陈皮、半夏、茯苓理气和中、燥湿健脾，为臣；积滞易化热，故用连翘清热散结、莱菔子下气消食，共为佐使。诸药相伍能消积导滞，和胃消食，清热利湿，为疗消化不良基本方。

［临床应用］

（1）本方为消食和胃轻剂，用于正气未衰，寒热不明显，过食性食积。如犊牛单纯性消化不良。

（2）临床若见食欲减退兼有痞满、腹胀者，本方加枳壳、厚朴，宽中消痞，行气消胀；若兼有大便秘结、排便困难者，加大黄、芒硝，通便导滞；若兼有便干苔黄、食积化热者，加黄连、黄芩，清热泻火；若兼有脾虚者，加白术、党参益气健脾。

六、行气理血方

气病主要包括气虚、气滞和气逆，气虚宜补，在补益剂讲述。这里行气剂主要是治疗气滞和气逆。气滞患畜主要表现肚腹胀满，草料减少，粪便失常；气逆主要表现胃气上逆的呕吐反胃，肺气上逆的咳嗽气喘。

血病范围较广，血行不畅之血瘀，血离经络之血溢，热入血分之血热，血津亏虚之血虚。治疗血热之清热凉血剂，治疗血虚之补血剂，分别在其他章节讲述，这里主要论述的是疗血瘀的活血化瘀剂和疗血溢的止血剂。

治疗血证，必须审证求因，逐瘀过猛，易于伤正；止之过急，易于留瘀。因此，活血祛瘀时，常加扶正之品，使瘀消而不伤正；用止血之剂时常辅以祛瘀之味，以防血止瘀留。

丁香散

［组成］　丁香15g，木香9g，藿香、青皮、陈皮、槟榔、二丑各15g，麻油250g，童便一盅为引。

［功用］　理气导滞，宽肠消胀。

［主治］　肚腹气胀。

［方解］　本方为疗气滞腹胀常用方，丁香下气消胀、温胃散寒，为君；木香、藿香行气，青皮、陈皮理气解郁，疏肝和脾，共为臣；槟榔、二丑导滞宽肠，为佐；麻油、童便润肠通便，引滞气下行，为使。诸药合用，共奏导滞消胀之功。

［临床应用］

（1）马骡采食易发酵草料，如上述病迅速采食大量豆科类青绿饲草，在胃肠内产生大量气体引起肠臌气，轻者肚腹胀满，肷窝消失，叩诊鼓音，称“肚胀”；重者腹痛不止，起卧不安，称“风气疝”。牛羊采食了易发酵草料，使瘤胃内聚集大量气体，称瘤胃臌气。上述病均可用本方加莱菔子、枳壳、大腹皮治疗，威胁生命时要立即用套管针放气减压。

（2）因脾胃虚弱导致马骡反复肚胀，或牛羊瘤胃反复臌气，本方去二丑、槟榔，加白术、党参、茯苓等健脾补气之品，给以治疗。

苏子降气汤

［组成］　半夏45g，紫苏子45g，前胡、厚朴各30g，肉桂10g，陈皮30g，当归30g，甘草20g。

［功用］ 降气平喘，温化寒痰。

［主治］ 咳喘气短。

［方解］ 寒痰上壅于肺，肾虚失于摄纳于下的上实下虚证，本方最为对症。苏子、半夏、陈皮降气化痰，止咳平喘，共为君；厚朴、前胡宣降肺气，助主药治上实，肉桂暖下焦纳肾气、治下虚，共为臣；当归养血润燥，甘草和中祛痰、调和诸药，共为佐使。诸药配伍，共奏降逆平喘，温化寒痰。

［临床应用］ 慢性支气管炎，轻度肺气肿，痰多而稀，并有寒象时最宜使用本方。肺肾阴虚或肺热咳喘，因本方温燥，不宜使用。

桃红四物汤

［组成］ 桃仁 45g、红花 30g、当归 45g、赤芍 45g、生地黄 60g、川芎 20g。

［功用］ 活血祛瘀。

［主治］ 产后瘀血阻滞胞宫，血瘀四肢疼痛。

［方解］ 本方是疗瘀血阻滞基础方。四物汤，赤芍置白芍，生地黄置熟地黄后，则养血活血变为凉血活血方。再加活血祛瘀的桃仁、红花，则组成了可疗一切血瘀证的活血化瘀方剂。

［临床应用］

（1）本方去生地黄，加干姜，常用于产后血瘀作痛，胎衣不下。

（2）本方加桔梗、柴胡、枳壳、牛膝、甘草名血府逐瘀汤，可疗全身性血瘀气滞性疼痛，如蹄叶炎、风湿痹痛、胸膊痛、跌打损伤痛等。

生化汤

［组成］ 当归 120g、川芎 45g、桃仁 45g、炮姜 10g、甘草 10g。

［功用］ 活血化瘀，温经止痛。

［主治］　产后恶露不行。

［方解］　产后受寒，血虚寒凝。血虚导致气滞，恶露不行，少腹疼痛。当归、川芎行血活血为君；桃仁活血化瘀为臣；炮姜温经止痛为佐；炙甘草调和诸药为使，五味合用，功主活血化瘀，温经止痛，祛瘀生新。养血治本，化瘀治标。养血活血兼顾，寓生新于化瘀之内，故有生化汤之名，是产后母畜最常用方剂。

［临床应用］　原方加炒车前子、益母草治胎衣不下；原方减炮姜，加红花、蒲黄、五灵脂治产后恶露不行，少腹疼痛；原方减桃仁，加党参、黄芪、王不留行、穿山甲、路路通治产后缺乳；原方减炮姜，加柴胡、黄芩治产后发热。

通乳散

［组成］　黄芪 60g、党参 40g、当归 60g、川芎 30g、白术 30g、川断 30g、穿山甲 30g、杜仲 20g、阿胶 60g、甘草 20g、王不留行 60g、木通 20g、通草 30g。

［功用］　补气血，通乳汁。

［主治］　气血虚、缺乳。

［方解］　乳汁由精血化生，气虚血亏而缺乳，本方最为对症。黄芪、党参、阿胶、当归、白术气血双补为君；杜仲、川断补肝益肾，川芎通利血脉，木通、王不留行、通草、穿山甲通经下乳，共为臣佐；甘草调和诸药，黄酒可助药势，共为使。凡母畜怀孕期体质虚弱、气血亏虚而引起的产后缺乳症，可放心使用。

［临床应用］

（1）产后缺乳，临床有虚实之分。乳乃冲任气血所化，孕期营养失调，脾胃虚弱，化生无源或分娩时间过长，气血过耗，影响乳汁生成，临床表现乳房不胀，发软。用本方最宜。奶牛隐性乳腺炎很多属于此型。

（2）产前产后，受惊吓骚扰、舍温过高过低、更换饲料等应激，引起肝气不舒、气血失调、经脉涩滞、乳汁不行。此为实证。乳房发胀且较硬，本方可减去阿胶、白术、川断、黄芪，加疏肝理气药柴胡、青皮、木香、瓜蒌、枳壳进行治疗。

仙方活命饮

[组成]　金银花、陈皮各90g，归尾、赤芍、皂刺（炒）、穿山甲、乳香、没药、白芷、防风、浙贝母、天花粉、甘草各30g。

[功用]　清热解毒，活血止痛，消肿溃坚。

[主治]　疮疡肿毒。

[方解]　《医宗金鉴》把本方誉为“疮疡圣药，外科首方”。疮疡肿毒为“营气不从，逆于肉里”所致，是热毒壅结，气血瘀滞而成。疮痈治则：前期，清热解毒，活血化瘀，散邪消肿，使其消散；中期，溃坚透脓，托毒外出；后期，培补正气，生肌收口。

金银花清热解毒，乃治疮痈要药，为君，用量要大；归尾、赤芍、乳香、没药，活血散瘀，消肿止痛，防风、白芷，疏风、散结消肿，浙贝母、天花粉化痰散结，共为臣；陈皮行滞舒展气机，甘草清热解毒，穿山甲、皂刺解毒通络，消肿溃坚，共为佐使。数药合用清热解毒，活血止痛，消肿溃坚，通治一切痈疡。

[临床应用]　疮痈有阳证、阴证之分，凡疮形高肿，根盘紧束，皮肤赤红，灼热焮痛，来势急暴，未成易消，既成易溃，溃后易敛，为阳证。治以清热解毒，活血化瘀，消肿散结。凡疮形平塌，漫肿无边，不红不热，来势缓慢，未成难消，已成难溃，脓水稀薄，不易收口，为阴证，为正气虚（恶病质），治则是温补助阳，散寒通滞，化痰祛湿。

本方适用于一切疮痈阳证，如脓肿、蜂窝织炎，乳腺炎及其一切无名疮肿。初期去皂刺、穿山甲，加野菊、蒲公英、紫花地丁。后期原方加生黄芪，益气托毒。临床上往往依发病部位不同再配伍引药，如头面配川芎，颈部配桔梗，胸部配瓜蒌，两胁配柴胡，上肢配姜黄，下肢配牛藤，热毒重时配五味消毒饮（金银花、野菊、蒲公英、紫花地丁、紫背天葵）。

槐花散

[组成]　炒槐花、荆芥穗、炒枳壳、侧柏叶各等份。每次内服：牛、马 100~300g，猪、羊 10~100g。

[功用]　清肠止血，疏风行气。

[主治]　肠风便血。

[方解]　肠风下血，是由风邪热毒壅遏于肠胃血分，使血渗肠道引发。槐花清肠，凉血止血为君；侧柏凉血止血以助槐花之力为臣；枳壳行气宽中，荆芥穗疏风止血共为佐使。四药合用，共奏疏风、凉血止血之功，主用于肠风下血。

[临床应用]　便血最常见于牛。血便病因有二：一是饲养失误，饲料霉败或患慢性消耗性疾病，损伤脾气，脾统摄无权，血无所归，而致血便，多为远血，色见紫暗；一是胃肠蕴积湿热，下移大肠，灼伤肠络，而为便血，多为近血。牛便血多为后者。

1968~1969 年笔者在汝南县留盆兽医站期间，每年都能收治几头便血患牛，症多见大便不畅，有时轻度努责，先血后便，血色鲜红。舌红，脉数，口津黏腻，用槐花散，荆芥炒炭，再加当归、黑栀子、生地黄炭、地榆炭、炒蒲黄治疗，多能迅速治愈。

七、温里方

温里方剂以温热药物为主组成，具有温中祛寒、温经散寒、回阳救逆等作用，用以治疗里寒证。本类方剂多辛温而燥，临证必辨清寒热，切勿使用于热证或真热假寒证患畜。寒为阴邪，易伤阳气，所以，温里剂里常配伍补气之药。

参附汤

[组成] 人参30g、制附子45g。

[功用] 回阳，益气，救脱。

[主治] 阳气暴脱。

[方解] 阳气暴脱，脉失阳气鼓动，必见脉微欲绝；四肢失阳气温煦，必现四末厥逆；阳虚阴必走之，故必有冷汗自出。此为极端危证，必速用大温大补之品急救。人参大补元气，挽救垂危为君；附子壮真阳，起死回生为辅。二药合用力专功宏，“人参得附子，瞬息化气于乌有之乡；附子得人参，顷刻生阳于命门之内”，实为大温大补回阳救脱主方。血脱亡阴者亦可用本方，因有形之血不能速生，无形之气当所急固，故血脱必先益气，使阳气复回，病情稳定后再行调理。

[临床应用] 主用于临床危重证——脱证，如大失血，腹泻脱水，大汗（急性心力衰竭）。

四逆汤

[组成] 附子45g、干姜45g、炙甘草30g。

[功用] 回阳救逆。

[主治] 少阴虚寒证或亡阳证。

[方解] 附子振奋阳气，鼓舞血行为君；干姜守而不走，固守中宫，温中阳祛内寒，助附子回阳散寒为臣。附子、姜协同回阳之力更雄，故有“附子无干姜不热”之说。甘草益气和中，缓姜、附子燥烈之性为佐使。凡阴寒内盛，阳气失布所致四肢厥逆，寒泻腹痛，恶寒脉微之症，皆可选用本方。

理中汤

[组成] 干姜、党参、白术、炙甘草各60g。

[功用] 补脾益气，温中祛寒。

[主治] 中焦虚寒。

[方解] 干姜温中散寒为君；党参补脾健中益气，白术燥

温健脾共为臣；炙甘草健脾和中为佐使。脾阳失健，寒滞中焦，气机失畅引起的腹痛泄泻，本方为首选。

［临床应用］

(1) 理中汤是疗脾胃虚寒基础方，临床凡见倦怠嗜卧，四肢伸直，泻粪如水，粪水齐下，气味不大，口淡、苔白，耳鼻发凉，脉象沉迟，皆可用理中汤治疗，兼有呕吐，加吴茱萸、生姜；腹泻重，加乌梅、诃子、石榴皮；肚腹虚胀，加厚朴、陈皮。

笔者于 2013 年，在山西绛县横水镇，诊治一头 50kg 左右育肥猪，因患链球菌病，用抗生素治疗近 10 日，体温已退，但腹泻不止，粪稀如水，耳鼻四肢发凉，口淡、苔白。用本方加陈皮、焦三仙，很快治愈。

(2) 四肢厥逆（凉至腕跗关节以上），脉微欲绝，气息微弱，体温降低，为少阴虚寒，可用四逆散或附子理中汤（理中汤加附子），煎汤内服。

近些年猪病临床常见产后母猪寒厥证，多因产后体虚，寒邪直中厥阴或太阴证失治误治传至厥阴。病势较急者，产后不久出现四肢厥冷，体表发凉，鼻气冷凉，呼吸微弱，脉微欲绝，体温降至 37℃或 36℃以下，若不及时救治，可发生死亡。用四逆散加党参、白术、茯苓、五味子治疗，效果很好。气息微弱重症，可先注射 5mL 肾上腺素，进行急救。

(3) 中焦实寒证：又名肠痉挛（痉挛疝）或冷痛。寒邪滞中，气机失畅，腹气不通，疼痛不止，马最多发。用本方加陈皮、肉桂、枳壳、茴香，疗效颇佳，疼痛剧烈时可先用安乃近止痛。

四神丸

［组成］　补骨脂 120g（破故子）、肉豆蔻 60g、五味子 60g、吴茱萸 30g、生姜 240g、红枣 100 枚。

［功用］ 温肾健脾，涩肠止泻。

［主治］ 脾肾虚寒泻。

［方解］ 肾阳虚衰，命门之火不能温煦脾土，致脾运化无力而成泻。补骨脂补命门暖脾阳为君；肉豆蔻温肾暖脾，涩肠止泻，吴茱萸温中散寒共为臣，君臣相伍温阳涩肠之力相得益彰；五味子固涩，生姜助吴茱萸温胃散寒，大枣补脾养胃共为佐使。诸药合用，共奏温肾暖脾，固涩大肠之功。

［临床应用］ 多用于马冷肠泄泻及其他畜禽脾肾虚寒引起的顽固性腹泻。

八、止咳、化痰平喘方

凡能祛痰、止咳、平定气喘之方剂，称止咳化痰平喘方。

痰是水液代谢的病理产物，痰与饮，异名同类，仅稀稠不同，均湿聚而成，故常痰饮并称。湿源于脾，有“肺为贮痰之器，脾为生痰之源”之说，所以治痰要治脾。痰随气升降，气壅痰聚，气顺则痰消，所以治痰必治气。痰病有湿痰、燥痰、热痰、寒痰之分，方剂亦有燥湿化痰、清热化痰、温化寒痰、润燥化痰方剂之区别。

冰雄散

［组成］ 黄芩 30g、冰片 1g、雄黄 3g、连翘 15g、青礞石 15g、海浮石 15g、桔梗 30g、鱼腥草 30g、生石膏 100g、大黄 30g、枯矾 20g、桑白皮 30g、麻黄 20g、浙贝母 15g、甘草 10g。

［功用］ 清肺化痰。

［主治］ 肺热咳喘。

［方解］ 方中黄芩、冰片、雄黄、大黄、连翘、鱼腥草清热解毒为君药；生石膏、浙贝母、桑白皮清肺化痰，桔梗、麻黄止咳平喘，特别是青礞石、海浮石、枯矾能化热痰老痰，共为臣

佐；甘草调和诸药为使。数药配伍，清肺热，化热痰，降肺火，止咳喘，为疗禽呼吸道病的最常用方剂。多以 0.5%~1%比例拌料用。

［临床应用］　疗禽呼吸道病专方。主用于禽呼吸障碍综合征和慢性呼吸道病。

麻杏石甘散

［组方］　麻黄 30g、杏仁 45g、生石膏 120g、甘草 30g。

［功用］　辛凉宣泄，清肺平喘。

［主治］　热邪壅肺所致肺热咳嗽。

［方解］　生石膏清泻肺火为君；麻黄宣肺平喘为臣；杏仁平喘为麻黄之臂助为佐；甘草止咳兼益气和中，又能防石膏寒凉伤胃为使。麻黄配石膏，宣肺平喘，石膏用量一定要为麻黄 5 倍以上，使麻黄失去温热之性，而存留辛宣之味，相制相成。麻黄配杏仁，宣肺降肺，石膏配杏仁，清肺降肺，石膏配甘草甘寒生肺胃之津，以防热邪灼伤肺胃。四药配伍，辛凉宣泄，清泄肺热，降气平喘，使肺气之郁得宣畅，肺经壅热得清泄，则咳喘自平，为疗肺热咳喘最基础方。

［临床应用］

（1）禽传染性支气管炎，病因为温热之邪，病位在肺系，主在气分，麻杏石甘散最为对症。但因病因是温热毒邪，本方解毒之力不足。需再配伍虎杖、穿心莲、大青叶、板蓝根等。虎杖清热解毒，清肺祛痰，穿心莲清热解毒，泄肺热，疗咽痛；大青叶与板蓝根清火解毒，凉血利咽。通过加味，大大增强了本方解毒、清肺之力，被临床广泛使用于治疗呼吸道传染性支原体病。粉碎混匀后以 0.5%~1%比例拌料，连用 5 天为一疗程。

（2）禽传染性喉气管炎，病位在喉，喉为肺系，为温毒犯肺所致。麻杏石甘治“毒”药力不足，为杀喉气炎病势，灭其燎原之毒，需在原方基础上加清热解毒、凉血散瘀之味如板蓝根、山豆根、赤芍、生地黄及疗咽喉肿痛专方玄麦甘桔散（玄参、麦冬、桔梗、甘草），连用5天为一疗程，拌料比例1%。个别病势特别严重者，可再内服“六神丸”（中成药），成鸡每只2~3粒/日，效果甚佳。

（3）家畜急性支气管炎或支气管肺炎，为热毒壅肺，肺失宣降引起。症见发热，咳嗽，喘气，腹式呼吸。用本方加金银花、连翘、桑皮、黄芩治疗，一日一剂，3~5次基本都能痊愈，疗效优于青霉素、链霉素。

贝母散

[组成] 贝母、栀子、桔梗、杏仁、紫菀、牛蒡子、百部、甘草各30g。

[功用] 清热润肺，化痰止咳。

[主治] 肺热咳喘。

[方解] 贝母清热润肺，祛痰止咳为君；栀子、百部清热祛痰而止咳，杏仁、紫菀祛痰止咳共为臣；桔梗、牛蒡子利咽祛痰，甘草调和诸药为佐使。数药合用，清肺润肺，祛痰止咳，

[临床应用] 本方加味金银花、连翘、桑皮、生石膏，常用于疗畜禽肺热咳嗽。

二陈汤

[组成] 陈皮、半夏各45g，茯苓30g，甘草15g，生姜15g，乌梅5个。

[功用] 燥湿化痰，理气和中。

[主治] 湿痰咳嗽。

[方解] 盖痰因湿生，无不由脏腑功能失调，或由脾运失健水湿不化，或由肺失肃降通调受阻，或由脾肾阳虚水不化气，或三焦决渎失职，膀胱气化不利，致水湿停聚而为痰饮。半夏辛温而燥，最善燥湿化痰，且又和胃降逆为君；陈皮理气燥湿，使气顺痰消为臣；茯苓健脾渗湿使湿无所聚，痰无由生，生姜一则

降逆止呕助陈皮、半夏消痰，再则制半夏之毒，乌梅收敛肺气与半夏相配散收开合，相反相成，共为佐药；甘草调和诸药为使。数药共用，合奏燥湿化痰，理气和中之效。

[临床应用]

(1)《名医方论》云："二陈为治痰妙剂，其于上下左右，无所不宜。"一些医书推崇本方为疗所有痰证基础方，其实本方主治湿痰咳嗽，经加减也可用于寒痰、热痰和风痰。寒痰加干姜、细辛温而化之；热痰加贝母、黄芩、瓜蒌清而化之；风痰加制南星、白附子祛风消之；食痰加莱菔子、麦芽导滞消食。然而，对津伤阴亏的燥痰，不可应用本方。家畜咳出之痰均又被咽下，一般见不到痰，临床是依据患畜咳嗽的干湿性和听诊气管啰音的干湿性来判别。

(2) 本方健脾和胃，可用于治疗脾湿不运的食少、苔腻、便溏。若再配伍党参、白术又可疗脾胃虚弱。

清燥救肺汤

[组成]　桑叶45g、生石膏75g、甘草15g、党参30g、胡麻仁15g、阿胶15g、麦冬10g、杏仁10g、枇杷叶30g。

[功用]　清燥润肺。

[主治]　温燥伤肺。

[方解]　本方所治是温燥伤肺，气阴两伤重症。燥胜则干，所以患畜必见，咽干鼻燥，鼻镜或鼻唇镜干裂，舌红、少苔，便干尿浓；燥邪郁闭肺气，必见干咳无痰，胸满胁痛；邪为温燥，必见高烧。燥邪伤气必见体倦肢疲。治疗此证，既不能辛香，因辛香药耗气伤津，又不能苦寒，因苦寒药伤阳气又能化燥伤阴。必须用甘凉清润之品，清燥热，养阴液。重用桑叶，清宣肺燥，石膏清肺胃燥热，两药合用疗病之源，共为君臣；党参配麦冬气阴双补，阿胶配麻仁润燥润肠，杏仁配枇杷叶降肺化痰止咳，共为佐；甘草调和诸药，益气和中，防石膏性寒伤胃为使。诸药配

伍，共奏清肺、宣肺、润肺、降肺之功。

[临床应用] 支气管炎、支气管肺炎、肺炎等病，凡见干咳无痰，鼻咽干燥之气阴两伤之燥象时，均可酌情选用。高热不退者，加水牛角；咳痰艰难者加瓜蒌、贝母；血枯加生地黄。猪传染性胸膜肺炎，病初用西药氟苯尼考配多西环素，十分有效，但中后期往往效果不佳，此时，可用西药配合本方治疗，显著提高疗效。

辛夷散

[组成] 辛夷 45%、酒知母 30g、酒黄柏 30g、郁金 15g、沙参 20g、枯矾 10g、木香 10g。

[功用] 滋阴降火，透脑化痰。

[主治] 鼻窦炎、鼻炎。

[方解] 辛夷辛温，芳香走窜，善通鼻窍，为疗鼻要药，为君；酒知母、酒黄柏，酒炙上行，清热降火，郁金清热解郁，沙参清肺养阴，鼻为肺窍，合为臣；木香理气，枯矾化痰坠浊共为佐使。诸药相伍，滋阴降火，透脑化痰。

[临床应用]

(1) 本方为疗脑颡鼻脓专方，肺热上蒸引起的鼻窦炎、副鼻窦炎、脓性鼻炎均可加减使用。如偏寒者，加白芷、藁本、苍耳子，以增强散风通窍之力；偏热者，加薄荷、黄芩、桔梗。

(2) 鸡传染性鼻炎，病位主在鼻腔和鼻窦。从病性分析，病因为风热熏蒸，从上受主侵高位，见头面肿胀；风热犯肺，灼津为痰，痰阻于肺，鼻为肺系，必见鼻塞不通，鼻液黏稠或脓性。肺金火旺，必克肝木，肝火上炎，眼肿流泪多眵。用辛夷散加金银花、连翘、桔梗、苍耳子，以 1% 比例拌料治疗，连用 5 天为一疗程。

六神丸

[组成] 牛黄、珍珠、麝香各 4.5g，雄黄、冰片、蟾酥各

3g。蟾酥酒化，其他为末，制成芥子大丸。

［功用］ 清热解毒，消炎止痛。

［主治］ 咽喉肿痛。

［方解］ 牛黄清热解毒，散结消肿为君；雄黄、蟾酥解毒止痛，助牛黄解毒为臣；冰片、珍珠清热解毒，麝香活血化瘀共为佐。诸药相伍，有极强的解毒消肿之力，清热活血之功。病毒外袭，热毒炽盛，上冲咽喉引起的咽喉肿痛。本方必选。

［临床应用］ 此方疗鸡传染性喉气管炎，十分有效，重症喉气，每日每只 3~5 粒，有捷效。

九、祛湿方

能化湿利水，通淋泄浊，用以治疗湿邪为病的方剂称祛湿剂。湿邪为病，有外湿、内湿之分，外湿为湿邪外侵，如以肢体沉重为主症的风湿痹证；内湿为湿从内生，症多见胀满、泻痢、水肿、黄疸等。湿邪在外者，可表散以解之。在内者，可芳香苦燥以化之，可甘淡渗湿以利之。湿又易寒化或热化，寒化治宜温阳化湿，热化治宜清热利湿。

平胃散

［组成］ 苍术 60g、厚朴 45g、陈皮 45g、甘草 20g、生姜、大枣适量。

［功效］ 燥湿运脾，行气和胃。

［主治］ 湿困脾胃。

［方解］ 苍术苦温性燥最善除湿运脾为君；厚朴行气化湿消胀除满为臣；陈皮理气化滞为佐；甘草甘缓和中，生姜、大枣调和脾胃共为使。诸药配伍，健脾运、和胃气，化湿浊、畅气机。湿邪困脾、气机阻滞引起的采食减少，肚腹胀满多用本方治疗。

[临床应用]　湿困脾胃，脾失运化，胃失和降，症见食欲减少，舌苔白腻、口淡无味，脘腹胀满，怠惰嗜卧，泄泻呕吐等症状，常作为基础治疗方选用。加木香、砂仁名香砂平胃散，疗肚胀伤食；加藿香、半夏名金不换正气散，疗胃寒呕吐，口吐冷涎；加白术、枳实名枳术平胃散，治脾虚食少便溏；加山楂、麦芽、神曲名楂曲平胃散治食积不化等。

八正散

[组成]　瞿麦 30g、木通 30g、车前子 45g、滑石 10g、萹蓄 30g、栀子 25g、大黄 15g、灯芯草 10g、甘草梢 25g。

[功效]　清热泻火，利水通淋。

[主治]　热淋。

[方解]　本方主治湿热下注，膀胱气化不利所致之淋证。瞿麦利水通淋，木通利水降火共为君；萹蓄、车前子、滑石、灯芯草清热利水除湿为臣；栀子导热下行，大黄苦寒达下清热泻火为佐；甘草梢止尿痛，并引诸直达茎中为使。数药相伍清热泻火，利水通淋，为治疗热淋主方。

[临床应用]

(1) 临床见患畜口干舌燥，苔黄而腻，癃闭，尿频，尿急，尿痛，淋漓不畅，即现代医学的尿道炎、膀胱炎、泌尿系结石、急性肾炎，均可用本方加减治疗。石淋加石韦、海金沙、金钱草、鸡内金；血淋加生地黄、小蓟、白茅根。膏淋加萆薢、石菖蒲。

(2) 本方去木通，加茯苓、海金沙、金钱草、泽泻，常用于治疗鸡因痛风、肾性传染性支气管炎、法氏囊炎引起的肾肿。1997 年，山东莘县城郊，一农户网上养 500 多只罗曼蛋雏鸡，一直饲喂雏鸡料，13 周龄时，出现雏鸡精神沉郁，采食减少，后见零星死亡，邀笔者诊治，见该鸡群排出大量白糊状便，剖检，三叶肾肿大 1～2 倍，输尿管比小麦梗还粗，确诊为饲喂蛋白过高饲料引起肾肿。让其立即将刍料换成育成料，电解多维饮水，八正散加减方按 1.5%比例混料饲喂，连用 10~15 天。饲喂八正散第 5 天停止死亡，10 天后康复。

五苓散

[组成] 泽泻 75g、茯苓 45g、猪苓 45g、白术 45g、桂枝 30g。

[功效] 温阳化气，利水渗湿。

[主治] 水肿，小便不利。

[方解] 泽泻渗利水湿直达膀胱，为君药，重用；茯苓、猪苓利水渗湿，以增强蠲饮之力为臣；白术健脾，以助运化水湿为佐；桂枝温阳化气，蒸动膀胱气化为使。诸药相伍，共奏行水化气、健脾之功。

[临床应用]

(1) 温阳化气，疗小便不利：笔者在驻马店市兽医院门诊，治一母马，产后小便稍见淋漓，渐渐加重，最后涓滴不出，注射尿道消毒剂乌洛托品，无效；又注射平滑肌兴奋剂氯化钙，仍无效。后用五苓散加车前子煎汤内服，1 日 1 剂，配电针百会穴、会阴穴，1 日 1 次，每次半小时，治疗 5 天痊愈。

(2) 本方合平胃散名胃苓散，为疗泄泻要方，《医学三字经》载：湿气盛，五泻成，胃苓散，厥功成。湿而冷，萸附行，湿而热，芩连程，湿加积，曲楂迎，虚兼湿，参附苓。

(3) 本方加茵陈，名茵陈五苓散，能清湿热，退黄疸，主治湿重于热之黄疸。

茵陈蒿汤

[组成] 茵陈 150g、栀子 75g、大黄 50g。

[功用] 清热利湿。

[主治] 湿热黄疸。

[方解] 湿热内郁，熏蒸肝胆所致之黄疸，治宜清热利湿。

方中重用茵陈清热利湿退黄为君；栀子清泻三焦湿热，协茵陈使湿热从小便而出之力更强为臣；大黄泄热通便，导湿热下行，又可活血化瘀，利胆利尿，与茵陈协同使湿热由二便排出，茵陈佐大黄能使茵陈退黄作用增高数倍。三药合用清热利湿功专力猛，为疗湿热黄疸最主要基础方剂。

[临床应用] 临床上见口、眼、肌肤俱黄，黄色鲜明如橘，舌苔黄腻，尿黄而不利，脉滑数等症状，急性黄疸性肝炎、急性胆囊炎及十二指肠卡他出现的黄疸，属湿热症者均可服用。

若是色黄晦暗，耳鼻发凉的阴黄，可用茵陈四逆汤（茵陈、附子、干姜、炙甘草）治疗。

独活寄生汤

[组成] 独活45g、桑寄生90g、秦艽45g、防风45g、细辛15g、川芎30g、当归60g、熟地黄75g、白芍45g、桂心10g、茯苓60g、杜仲45g、牛膝45g、党参60g、甘草30g。

[功用] 祛风湿，止痹痛，补气血，益肝肾。

[主治] 痹证（久痹)。

[方解] 风、寒、湿三邪反复侵犯机体，滞留日久，随而成痹证，久痹必伤正气，导致肝肾亏虚。独活散寒祛风，胜湿止痛，疗风湿特别是下半身风湿症为君；细辛发散阴经之风寒，搜利筋骨风湿，防风、祛风湿，止痹痛；桂心温通经脉，畅旺血行，四药共用以增强独活祛风胜湿之力为臣；当归、芍药、地黄、川芎为四物汤养血活血；党参、茯苓、甘草益气健脾，气行血活风自灭；桑寄生、杜仲、牛膝补肝肾强筋骨，助祛风湿共为佐使。诸药合用补气血，益肝肾，祛风湿，止痹痛，扶正祛邪，标本兼治。主用于气血不足，肝肾两亏，久日痹证。

[临床应用] 本方适用于正虚邪实之久痹。症见口淡、苔白，腰腿麻木不仁，肢节屈伸不利，即慢性肌肉风湿，关节风湿，慢性腰胯疼痛，都可选用本方。湿重，四肢沉重难移，加苍

术、防己、薏米；寒重，疼痛难忍，加附子、干姜；风重，疼痛游走不定，加川乌、白花蛇。热痹禁用本方。

十、和解方

和解含义十分广泛，有清而和之，温而和之，消而和之，补而和之等，和之变化无穷，临床上最常用的是和解少阳、调和肝脾，调和肠胃。

小柴胡汤

[组成]　柴胡 60g、黄芩 45g、党参 45g、半夏 45g、甘草 30g、生姜 45g、大枣 22 枚。

[功用]　和解少阳。

[主治]　少阳病。

[方解]　少阳位于半表半里，邪犯少阳，既不可解表，又不可攻里，只能用和解之法。重用柴胡，透达半表半里之邪为君；黄芩清泄半表半里之热为臣；“血弱气尽，腠理开”，党参、大枣补中益气固表，防邪内陷，领邪外出，半夏、生姜和胃降逆止呕共为佐；甘草助扶正气兼调和诸药为使。诸药配伍，使上焦得通，津液得下，胃气因和，是祛邪为主，兼顾扶正，胆胃同治，疗少阳证之主方。

[临床应用]

(1)《伤寒论》云：“伤寒五、六日，寒热往来，胸胁苦满，嘿嘿不欲饮食，心烦喜呕，口苦耳聋，脉弦数者，为少阳经半表半里证。”这些症状有些是自觉症状，在畜禽如何分辨呢？经过兽医工作者多年临床探索，畜禽主见下述症状。①发热五六日以上，甚至月余；②寒热往来，畜禽表现体温时高时低，精神一时好一时坏，毛（羽毛或被毛）一时光顺一时炸抖，耳、鼻和角一时发热一时发凉，如鸡上午精神好，羽毛光顺，下午精神颓疲，羽毛炸起；牛上半天精神好，耳、鼻、角有温感，下半天精神沉郁，耳、鼻、角发凉。③从口色、脉象看，病并不严重，但食欲很差，或反刍减弱，或食滞腹胀，或二便失调，或兼有咳嗽。注意，上述症状见有一症者，即为小柴胡证。1972 年笔者在兰州中兽医研究所进修时，师泉海研究员收治一 4 岁母马，畜主介绍病已 10 多天，注射几次青霉素和氨基比林，现只吃三成饱。临床检查，体温、耳鼻温正常，舌质稍红，舌苔薄白，所排粪球稍小量少，小便正常。师老师给学员讲，病已半月，病不在表，又无入里，用小柴胡汤加三仙治疗。结果，灌服 3 剂病愈。

（2）肝胃不和，气机不利，疏泄不达所致之神疲食减、黄疸、睾丸肿痛等，亦可用小柴胡汤治疗。

逍遥散

［组成］ 当归、白芍、柴胡、白术、茯苓各 45g，甘草 20g，薄荷与煨生姜适量。

［功用］ 疏肝解郁，健脾养血。

［主治］ 肝脾不和。

［方解］ 柴胡疏肝解郁，当归、白芍养血补肝，三味相伍，补肝体助肝用为君；白术、茯苓健脾补中为臣；薄荷、煨生姜助柴胡条达疏肝为佐；甘草补中调和诸药为使。数药合用使肝郁疏解，肝血得养，脾虚得补，诸症自愈。

［临床应用］

（1）主要用于精神因素引起的肝脾不和，消化功能紊乱，如粗暴管理、断奶、离群兴奋、转群移动等，常引起畜禽食欲减退、消化不良。1974 年，笔者在驻马店地区兽医院，诊治一母马，所产新驹死亡后，食欲越来越差，体温正常，舌底部发黄，口津发黏，便稍干，粪球落地大都不见开裂，尿黄，眼结膜稍黄染。用本方去生姜加茵陈、枳壳、大黄、泽泻，每日 1 剂，连用 5 天痊愈。

（2）2015年下半年始，安哥拉病在河南部分县市流行。由腺病毒引起，主侵肝脏，引起肝脏肿大、变性、坏死，因肝无法合成蛋白，血浆胶体渗透压降低，组织液漏出，引起心包积液。主发于3~6周龄雏鸡，肉鸡最敏感，发病迅速，死亡率高，无有效西药防治。据报道，用本方加减（柴胡、当归、龙胆、车前子、栀子，商品名“安哥拉”）防治有效。

（3）作为食料添加剂，预防鸡群因疫苗接种等应激引起的产蛋下降。一般1%比例添加，严重应激时需再增加剂量。

十一、固涩、驱虫外用方

固涩法包括涩精止遗法、固表止汗法、涩肠固脱法、敛肺止咳法。这些方法有的在其他章节已有论述，如涩肠固脱的四神丸，这里仅介绍固表止汗的玉屏风散和固肾涩精的金锁固精丸。

玉屏风散

[组成]　黄芪90g、防风30g、白术30g。

[功用]　益气固表止汗。

[主治]　卫阳不固，恶风自汗。

[方解]　黄芪益气固表为君；白术健脾助黄芪补气生血固表，卫外固则汗可自止，为臣；防风走表而散风邪为佐。黄芪得防风固表而不留邪，防风得黄芪祛邪而不伤正，一散一固，相反相成。三药合用益气祛邪，固表止汗，表虚卫阳不固，自汗不止者用之特效。

[临床应用]

（1）本方加牡蛎、大枣、浮小麦，常用于疗马属家畜阳虚自汗症。

（2）辅助正气：作为饲料添加剂，用以增强鸡群免疫力。

金锁固精丸

[组成] 沙苑蒺藜、芡实、莲须各60g，龙骨、牡蛎各30g。

[功用] 固肾涩精。

[主治] 公畜早泄滑精。

[方解] 肾司二关，肾虚精关不固之滑精早泄，本方能固肾涩精。沙苑蒺藜补肾益精止遗为君；芡实，补肾涩精为臣；莲须、龙骨、牡蛎涩精止遗，收敛固脱为佐。诸药配伍，标本兼治，补肾涩精。

[临床应用] 种公畜配种过度，肾精亏虚，精关不固，滑精早泄，腰腿痿软，四肢无力，多以本方为基础进行治疗。兼见阳痿者，加坤草、锁阳；兼见口红脉细数，偏于阴虚者加龟板、女贞子；兼见阴虚盗汗者，可加六味地黄丸、地骨皮。笔者在汝南诊治一马车驾辕公骡，一勃起就滑精，不时汗出达数月，严重时见汗出如水洗，舌红、无苔。用本方加浮小麦、麻黄根、地骨皮、女贞子、山萸肉、牡丹皮、泽泻、茯苓、山药，1日1剂，10天痊愈。

化虫丸

[组成] 胡粉（铅粉）、鹤虱、苦楝根皮各30g，白矾10g。混匀为末，灌服。

[功效] 杀虫。方中以铅粉杀虫力最大，但毒性也大，用时要慎重，且不宜久用。

[主治] 杀肠中诸虫。

[方解] 方中诸药均能杀虫，鹤虱能杀诸虫，苦楝根皮杀蛔虫、蛲虫，槟榔杀绦虫、姜片吸虫，胡粉、白矾亦具杀虫作用。多药合用，相须协力，驱杀诸虫。

[临床应用] 本品主用于肠虫，亦能驱蛲虫、绦虫及姜片吸虫。驱虫后要注意调理胃肠和扶助正气，以资巩固。

君子仁散

[组成] 使君子 20g、槟榔 9g、石榴皮 15g、贯众 15g、芜荑 9g、二丑 20g、大黄 9g、芒硝 12g、甘草 3g。混匀为末或煎汤两次混匀灌服。

[功效] 驱杀蛔虫。

[主治] 猪蛔虫。方中剂量为 60kg 猪 1 次用量。

[方解] 方中使君子功专驱杀蛔虫，贯众、芜荑、槟榔、石榴皮驱杀肠虫，以增强使君子驱杀之力，大黄、二丑、芒硝通肠泻下，促使虫体尽快排出，甘草调和诸药。诸药全用，共奏驱杀蛔虫、通肠泻下之功。

[临床应用] 本方主用于驱杀猪蛔虫。

桃花散

[组成] 熟石灰 250g，大黄片 45g。将熟石灰粉成粉，与大黄片同炒，石灰变红为度，去大黄片，过细筛备用。

[功效] 收敛、止血。

[主治] 撒布创面，治出血或有渗出。

[方解] 大黄所含蒽醌类与石灰反应变红，石灰敛伤止血，大黄外用亦有收敛止血之功。

[临床应用] 撒布于新鲜创面，纱布包扎，能止血、收敛结痂；撒布于炎症灶，能防止毒物吸收。

冰硼散

[组成] 冰片 50g、朱砂 60g、玄明粉、硼砂各 500g。各研成极细末，混匀装瓶。吹或撒布患部。

[功用] 清热解毒，消肿止痛。为外科正宗方。

[主治] 口、齿龈、咽喉等部位的疮疡肿痛。

[方解] 方中药味均寒凉之品，能清解热毒；冰片、硼砂且能消肿止痛；朱砂还能疗疮防腐。数药合用，共奏清热解毒、消肿止痛之功。

[临床应用] 本方主用于疗咽喉炎、口炎等疾患，用纱布包好，两端用绳扎紧，使在口中慢慢溶化。也可吹于咽喉、颊或舌的溃疡面上。

青黛散

[组成] 青黛、黄连、黄柏、薄荷、桔梗、儿茶各等份。共为细末，每用适量，装纱布袋内。

[功用] 清热解毒，消肿止痛。

[主治] 口舌生疮。

[方解] 青黛清热解毒，黄连、黄柏、儿茶清热收湿，止痛生肌，桔梗开心气而利膈，薄荷清风热而消肿。诸药合用清热解毒，消肿止痛。心经伏热，上攻于舌，所致之口舌生疮。

[临床应用] 口舌生疮、咽喉肿痛。